Altern – Ergebnis ökologischer Anpassung

Herrn Flachung
zum erbaulichen
Studium der Grundlagen
des Alterns –
vom Verfasser überreicht

26. 9. 96 G. [illegible]

Günter Ahlert

Altern – Ergebnis ökologischer Anpassung

Alternstheorien dieses Jahrhunderts im kritischen Überblick

Mit einem Geleitwort von Prof. Dr. D. Schachtschabel,
Vorsitzender des Fachbereiches «Biologie des Alterns»
der Deutschen Gesellschaft für Gerontologie und Geriatrie

2 Abbildungen, 2 Tabellen, 1996

KARGER

Basel · Freiburg · Paris · London · New York ·
New Delhi · Bangkok · Singapore · Tokyo · Sydney

Autor
Dr. med. Günter Ahlert, Oberursel
Eschenweg 14
D-61440 Oberursel

Mit einem *Geleitwort* von Professor Dr. Dietrich Schachtschabel, Institut für Physiologische Chemie und Institut für interdisziplinäre Gerontologie und angewandte Sozialethik der Philipps-Universität Marburg; Vorsitzender des Fachbereichs «Biologie des Alterns» der Deutschen Gesellschaft für Gerontologie und Geriatrie

Die Deutsche Bibliothek – CIP-Einheitsaufnahme
Ahlert, Günter:
Altern – Ergebnis ökologischer Anpassung: Alternstheorien dieses Jahrhunderts im kritischen Überblick; 2 Tabellen/Günter Ahlert. Mit einem Geleitw. von D. Schachtschabel – Basel; Freiburg [Breisgau]; Paris; London; New York; New Delhi; Bankok; Singapore; Tokyo; Sydney: Karger, 1996
ISBN 3-8055-6361-2

Printed in Germany on acid-free paper by Druckerei Weber, D-79111 Freiburg
ISBN 3-8055-6361-2

Inhalt

Geleitwort

Die biologische Alternsforschung ist an den Universitäten und anderen Forschungseinrichtungen der Bundesrepublik – im Gegensatz zu vielen anderen Ländern – fast nicht existent. Auch eine angemessene gerontologische/geriatrische Unterrichtung und Ausbildung von Studenten der Humanmedizin erfolgt an unseren Universitäten nicht. Andererseits ist gerade die in den letzten Jahrzehnten aufgetretene Erhöhung der durchschnittlichen Lebenserwartung mit einer Zunahme der Erkrankungshäufigkeit im Alter verbunden. Deshalb sind für den zukünftigen Arzt das Verständnis und Erkennen von normalen «physiologischen» Funktionseinschränkungen im Alternsprozeß und eine – oft fließende – Abgrenzung gegenüber «alternsbegleitenden Krankheiten» sehr wichtig.

Neben diesen praktischen Erfordernissen sollten biomedizinisch Interessierte sich auch mit den theoretischen Grundlagen und biologischen Mechanismen von Altersveränderungen vertraut machen, wozu dieses Buch einen wichtigen theoretischen Beitrag leistet.

Eine Flut von biologischen, biochemischen, zell- und molekularbiologischen, genetischen, immunologischen, ernährungswissenschaftlichen und auch gerontologischen Befunden ist in den letzten Jahren, besonders durch Forschungsarbeiten in den USA, erhoben worden, ohne daß bisher eine allgemein akzeptierte Theorie des Alterns und der Alternsursache(n) gefunden wurde. Bisherige Theorien zum biologischen Altern sind überwiegend gekennzeichnet durch mechanistische Vorstellungen über Schadens-, Mangel- oder Verbrauchserscheinungen an den Strukturen und Syntheseprodukten der Organismen. Der Autor dieses Buches diskutiert zunächst grundsätzliche Schwächen solcher «destruktiv-entropischen Alternstheorien», wie z.B. der «Free Radical Theory of Aging», bevor er die Evolution von artspezifischer Lebensdauer und Seneszenz auf adaptiver Grundlage – in den Grenzen der ökologischen Kapazität – darlegt. Als von entscheidender Bedeutung für die artspezifische Evolution der Lebensdauer wird der Zeitbedarf für die Optimierung des Fortpflanzungsprozesses hervorgehoben. Dabei wird das Altern des Individuums – auch des Menschen – als ein biologisch sinnvolles und abgestimmtes Geschehen zur Erhaltung der Art deutlich.

Insgesamt ist in diesem Buch eine Fülle biomedizinischer und zellbiologischer Erkenntnisse komprimiert (über 200 Zitate auch der neuesten Literatur!), um die

Ursachen des Alterns aus evolutionsbiologischer Sicht zu erklären. Der experimentellen «Biogerontologie» bleibt aber die Aufgabe, die zell- und molekularbiologischen Mechanismen der Alternsvorgänge im einzelnen aufzuklären.

Ich wünsche diesem anregenden Buch viel Erfolg.

Prof. Dr. *Dietrich Schachtschabel*

Vorwort

Gemessen an der Bedeutung, die das Altern im Leben jedes einzelnen und in der menschlichen Gesellschaft hat, muß die biomedizinische Alternsforschung im Vergleich zur Unterstützung, die manch andere wissenschaftlich-technische Unternehmung unserer Zeit erfährt, als vernachlässigt angesehen werden. Dies ist um so erstaunlicher, als es um jenen Forschungszweig geht, der die Bemühungen bündelt, unsere Jugendlichkeit zu verlängern sowie der Disposition zu alternsbedingtem körperlichem wie geistigem Siechtum und schließlich – zusammen mit der Geriatrie – unseren hauptsächlichen «Killer-Krankheiten» entgegenzuwirken. Die Gründe dafür dürften nicht nur in den bekannt knappen Mitteln des Staates, einer schwachen Lobby und wenig Interesse der Industrie an der Grundlagenforschung liegen. Ein Grund ist auch der bisher fehlende eigene Erfolg der Biogerontologie, uns bei all ihren Forschungsanstrengungen in diesem Jahrhundert dem Mechanismus des Alterns und damit eventuellen therapeutischen Angriffspunkten erkennbar näherzubringen. Die Frage drängt sich auf: «Sind wir auf dem richtigen Weg?»

In unserer Zeit, in der in den medizinisch-biologischen Wissenschaften die empirische Strukturforschung gegenüber der Theorie dominiert, erwarten wir aus Beobachtung und experimenteller Arbeit sowie aus der Anwendung moderner Methodiken von Molekular- und Zellbiologie Erkenntnisse, die sich schließlich zwanglos zu einem Mosaik zusammensetzen werden, aus dem sich die Ursachen des Alterns und eventuelle Möglichkeiten seiner Verlangsamung erkennen lassen. Offenbar reicht aber diese induktive Anhäufung eines immensen Faktenwissens nicht aus, um die Kausalkette des Alterns zu identifizieren. Wir haben viele «... Teile in unserer Hand, fehlt leider! nur das geistige Band» (Goethe, Faust I). Wenn wir dieses Band, und damit anwendbare Fortschritte in der Biogerontologie, erreichen wollen, kommen wir – gleich der Physik – nicht ohne eine weiterreichende theoretische Analyse aus.

In diesem Buch soll nach kritischer Analyse der derzeit dominierenden Auffassung, Altern (hier: Seneszenz des Metazoon) sei Ausdruck einer Unzulänglichkeit von Lebewesen, sich zu erhalten, eine andere Rolle dieses Phänomens auf der Grundlage der Evolutionsbiologie dargelegt werden. Dabei wird vom Grundgedanken August Weismanns (1834–1914) ausgegangen, wonach die begrenzte Dauer der Lebewesen als eine biologisch sinnvolle, umweltangepaßte Voraussetzung zur

Erhaltung der Art anzusehen wäre. Darüber hinaus sollen hier die allgemeinen und speziellen ökologischen Selektionsfaktoren für die Evolution der Lebensdauer und ihre Beziehungen zur Programmierung des artspezifischen Seneszenzverlaufes, auch beim Menschen, verdeutlicht werden.

Da das Thema «Biologisches Altern» tiefe Wurzeln hat, war es trotz gebotener Kürze notwendig, zur Interpretation seiner Rolle eine weite Spanne heutiger biomedizinischer Kenntnisse von der Definition des Begriffs «Leben» bis zu Eigenheiten in der Lebensweise unserer Art darzustellen. Ich hoffe, daß dies in Skizzenform gelungen ist und daß die angeführten Beispiele das notwendige Mitdenken erleichtern. Die evolutionsbiologischen Ursachen des Alterns sollten daraus klar werden. Das Verständnis des biologischen Sinns des «Alterns» sollte bei der Richtungsbestimmung der Beobachtung und des experimentellen Handelns zur strukturellen Aufklärung dieses Phänomens nicht unwesentlich sein.

Mein Dank gilt allen, die mit Fragen, Diskussionen, konstruktiver Kritik und Ratschlägen zum Entwurf des Manuskripts dazu beigetragen haben, daß dieses Buch erscheinen konnte, besonders meinem Sohn, Dr. med. Thorsten Ahlert, Heidelberg, Herrn Professor Dr. William Meier-Ruge, Basel, Herrn Professor Dr. Dietrich Schachtschabel, Marburg, und dem S. Karger Verlags in Freiburg. Darüber hinaus danke ich meiner Frau, Dr. med. Ilse Ahlert, und meiner Tochter, Dr. med. Kerstin Uphoff, für ihre vielfältige Hilfe, Geduld und Ermunterung.

Oberursel, Juli 1996 *Günter Ahlert*

1. Zum Begriff Seneszenz

Unter «Seneszenz» wird in diesem Buch der biologische Alternsprozeß bei Metazoen auf der Ebene des Individuums verstanden.

Dabei wird von folgender Definition ausgegangen:

Seneszenz ist die genetisch programmierte, zeitabhängige, irreversible Abnahme der Selbsterhaltungsfähigkeit von Metazoen im Verlauf ihrer Reproduktionsphase.

Auf die folgenden Punkte dieser Definition, die bereits früher näher begründet wurde [4], sei hingewiesen:

Ungeachtet bestehender Zusammenhänge wird hier der Begriff «Seneszenz» (ohne weitere Angaben) nicht auf den botanischen Bereich und nicht unmittelbar auf zeitabhängige Veränderungen differenzierter Zellen oder deren Proliferationsabnahme – die Zellseneszenz – bezogen. Letztere hat keinen direkten Bezug zur Seneszenz des gesamten Metazoons [s. auch 116]. Eine Aussage zur jeweils spezifischen Physiologie und dem Tempo des Seneszenzverlaufs bei den einzelnen Arten enthält die Definition nicht. Das im Sinne der Seneszenz verwandte Wort «Altern» (engl.«Ag(e)ing») wird in der Folge – außer in Zusammenhang mit Literaturzitaten – möglichst vermieden. Es verführt von vornherein zu fragwürdigen Assoziationen mit dem destruktiv-entropischen Verfall, der – innerhalb wie außerhalb von Organismen – nicht nach biologischen Gesetzen abläuft, sondern letzten Endes dem II. Hauptsatz der Thermodynamik, dem Entropie-Satz, folgt. Aus den weiteren Ausführungen dieser Arbeit sollte hervorgehen, daß Seneszenz und thermodynamische Entropiezunahme in keinem kausalen Zusammenhang stehen. Ebensowenig sind die Ontogenese (Entwicklung des Individuums) und die Evolution biologischer Arten thermodynamisch zu erklären. [s. auch 23]. Auf andere Auffassungen dazu [z.B. 27, 49, 87; 157, p. 260] kann hier leider nicht eingegangen werden.

Weiterhin wird hier vorausgesetzt, daß Seneszenz genetisch programmiert ist. Dies erscheint angesichts der offensichtlichen Erblichkeit der relativ scharf begrenzten artspezifischen («maximalen») Lebensdauern und der übereinstimmenden Phänomenologie der Seneszenz aller gleich strukturierten Individuen einer Art berechtigt. Eine begrenzte Variabilität und (nicht durch Körper*schädigung* bedingte) *exogene Beeinflussung* des Seneszenzverlaufs schließt dies nicht aus. Als eine solche exogene Modifizierung des Seneszenzverlaufs ist z.B. seine signalbedingte, hormonelle Steuerung bei semelparen Arten (mit einmaligem Fortpflanzungszyklus) wie Aalen, Pazifik-Lachsen oder der australischen Beutelmausart *Antechinus* [s. 63, pp. 83 ff] aufzufassen.

Bei unterschiedlich differenzierten Individuen der gleichen biologischen Art unterscheiden sich auch Verlauf und Phänomenologie der Seneszenz. Dafür bieten die Geschlechtsdifferenzierung oder die spezialisierten Individuen sozial lebender Insekten, etwa Bienen und polymorphe Ameisenspezies [90, pp. 168 ff; 121] mit ihrer entsprechenden Arbeitsteilung Beispiele.

Im übrigen ist die «genetische Programmierung» eines körperlichen Merkmals zunächst nur als Eigenschaft, nicht als dessen Ursache anzusehen. Das gilt auch für die Seneszenz des Individuums, die als genetisch programmiertes zeitliches Merkmal verstanden werden kann.

2. Kritischer Überblick zu maßgeblichen Alternstheorien dieses Jahrhunderts

Postulierte Ursachen der Seneszenz werden seit alters her in «Alternstheorien» eingekleidet. Leicht lassen sich hunderte solcher Theorien, Hypothesen, Konzepte, «Approaches» und ihre Derivate aus dem gerontologischen Schrifttum *allein dieses Jahrhunderts* zusammentragen. 1990 schätzte der bekannte Biogerontologe Medvedev ihre Zahl auf mehr als 300 und klassifizierte sie in 7 Hauptgruppen mit jeweils etwa ebenso vielen Untergruppen.

Um die gegenwärtige Situation in der theoretischen Biogerontologie zu skizzieren, soll hier ein aktueller Überblick zu diesen und neueren Theorien gegeben werden. In bezug auf deren Gliederung soll aber nur zwischen «destruktiv-entropischen» und den sogenannten «evolutionsbiologischen» Theorien unterschieden werden. Die erstgenannten «destruktiv-entropischen» Theorien gehen vom Individuum aus und erklären sein «Altern» durch irgendwelche kumulierende Schäden seiner entwickelten Strukturen. Die evolutionsbiologischen Theorien berücksichtigen die Populationsgenetik der Arten, setzen eine evolutive Veränderlichkeit der Lebensdauer durch natürliche Selektion voraus und versuchen diese auf genetischer Grundlage zu erklären.

Die einflußreichsten Theorien dieser beiden Gruppen sind in den Tabellen 1 und 2 zusammengefaßt. Sie stellen nur die «Spitze des Eisberges» der im 20. Jahrhundert meistzitierten Alternstheorien dar. (Die Bezeichnung Alternstheorien («Theories of ag(e)ing») wurde zunächst belassen, da sie bisher in der Literatur weitaus geläufiger ist als der an sich zutreffendere Begriff «Seneszenztheorien» – unter Berücksichtigung der einleitenden Definition der Seneszenz.)

2.1 Die destruktiv-entropischen Alternstheorien

Die hier so klassifizierten destruktiv-entropischen Alternstheorien beruhen auf der Annahme, daß zumeist kumulierende metabolische oder physikalisch-chemisch bedingte Veränderungen fertiger Strukturen des Individuums Seneszenz verursachen oder beschleunigen. Seneszenz tritt danach ohne jeden adaptiven Sinn, als zwangsläufige Veränderung des für die Funktionen des Individuums erforderlichen Baus oder als nachteilige «Nebenwirkung» dieser Funktionen des Individuums selbst ein.

Tabelle 1. Alternstheorien (destruktiv-entropisch) dieses Jahrhunderts

Vermuteter primärer oder das Altern «beschleunigender» Schaden	Begründer/Neuinterpreten
Unvollkommenheit des Stoffwechsels	Jickeli, 1902 [92]/Harman, 1994 [82, 83]
Chronische Intoxikation	Metschnikoff, 1910 [125]/Eichhorn, 1979 [54]
Verbrauch (Rate of living)	Rubner, 1908 [160]/Pearl, 1928 [144]; Sohal, 1986 [175]
Verschlackung und Intoxikation durch Metaboliten	Child, 1915 [34]/Korenchevsky, 1956 [107]; Sheldrake, 1974 [169]
Mangelernährung innerer Organe (besonders des Hirns) bei disproportionalem Wachstum	Mühlmann, 1924 [130]
Verschleiß	Pearl, 1924 [143]/Sinex, 1957 [171]; Sacher, 1966 [163]
Kolloid-Hysterese, chemische Alterung	Ruzicka, 1924 [161]/Dhar, 1932 [45]
Bindegewebs- und RHS-Alterung	Bogomolets, 1946 [26]
Endokrines Versagen	Korenchevsky und Jones, 1947 [106]
Stochastische Schäden durch «Freie Radikale»	Harman, 1956 [76] und 1994 [82, 83]
Strahlenschäden	Alexander, 1967 [9]
Metabolische Limitierung	Carlson, 1957 [28]/Johnson et al., 1961 [93]
Akkumulation somatischer Mutationen	Szilard, 1959 [188]/Failla, 1960 [62]; Curtis, 1966 [38];Morley, 1995, [129]
Autoimmunität	Walford, 1962 [194]
Fehlerkaskade bei Proteinsynthese («Error Catastrophe Theory»)	Medvedev, 1962 [123]/Orgel, 1963 [132]
DNA-Schäden durch Oxidation, Stoffwechsel, ionisierende Strahlen und andere Agentien	Alexander, 1967 [9]/Gensler, 1987 [68] Bernstein, 1991 [22]
Cross-linking von Makromolekülen	Bjorksten, 1968 [25]
Immunschwächung	Walford, 1969 [195]

Streß	Selye, 1970 [167]
Versagensfolge nach Störung der Translation («Unifying Theory»)	Strehler, 1976 [184]
Racemisierung von Aminosäuren	DeLong und Poplin, 1977 [43]
Schadenakkumulation bei Energiesparzwang	Kirkwood, 1977 [100]/Rose, 1991 [104]
Zellmembranschäden und -verdichtung	Zs-Nagy, 1978 [206] und 1992 [207]
Glukokortikoid-Hirnschädigung	Landfield, 1978 [110]/Landfield und Eldrige, 1994 [114]
Mitochondrien(DNA)-Schäden und -Mutationen durch freie Sauerstoffradikale	Miquel, 1980 [126]/Linnane et al., 1989 [115] Trounce, 1989 [189]; Nagley et al., 1992 [131] Wallace, 1995 [196]; Ozawa, 1995 [135]
«Dysdifferenzierung» der Zellen	Cutler, 1982 [39] und 1984 [40]
Calcium-Anreicherung in Hirnzellen (verursacht «brain aging»)	Khachaturian, 1984 [99]/Landfield, 1987 [111] und 1994 [112]; Disterhoft et al.,1994 [47]
Glycation (Proteinglycosierung)	Cerami, 1985 [29]
Entropie	Bortz II, 1986 [27]
Entropisches Auslaufen von Zellfunktionen nach Entwicklungsschluß («coast»)	Hayflick, 1987 [87] und 1994 [88]
Oxidation von Proteinen	Stadtman, 1990 [178], 1992 [179]
Oxidation von DNA und Lipiden	Ames, 1992 [10] und 1993 [11]
«Multikausale» Schädigung	z.B. Fabris et al., 1992 [60]
Kombination Glycation und Reaktionen freier Radikale	Yu, 1993 [205]
Melatonin-Mangel	Poeggeler, 1993 [146]/Reiter, 1995 [149]
«Network»: Fehlerhäufung und freie Radikale	Kowald und Kirkwood, 1994 [108]
Cadmium-Intoxikation und Zinkmangel	Bin und Garfinkel, 1994 [24]
Persistierende Infektionen besonders der Viren	Bell, 1994 [20]
Zink-Mangel	Fabris, 1992 [61]/Fabris und Mocchegiani, 1995 [61]

Schon an den in Tabelle 1 aufgeführten, vermuteten Schadensursachen und den Publikationsterminen von Begründern und Neuinterpreten dieser Theorien sollte erkennbar sein, daß

- unser Jahrhundert keine Übereinstimmung (eher krasse Alternativen) und keine einheitliche Konzeption zur Natur des biologischen Alterns gebracht hat;
- eine folgerichtige historische Fortentwicklung der Alternstheorien fehlt;
- prinzipiell gleiche mechanistische Denkschablonen auf dem sich verändernden Boden der fortschreitenden allgemeinen biologischen Strukturerkenntnisse variiert angewandt werden und
- unter Mitberücksichtigung des heutigen Standes der Medizin keine dieser Theorien zu einer effektiven therapeutischen Nutzung, einer nachweisbaren Verlängerung unserer Lebensdauer, geführt hat.

Das Gleiche gilt – wenn auch für jeweils etwas kürzere Perioden – für die hypothetisch Seneszenz-verursachende Rolle bestimmter *Noxen*. Vorherrschend ist dabei die Vorstellung irgendeiner unvermeidbaren Schadensanhäufung im Verlaufe des Lebens oder eines unersetzlichen Verbrauchs. Dies ist bei den meisten der später zu behandelnden evolutionsbiologischen Seneszenztheorien nicht viel anders, soweit sie auch den physiologischen Mechanismus der Seneszenz einbeziehen.

Zwischen den einzelnen destruktiv-entropischen Alternstheorien [s. auch 124, 145, 166] sind gegenseitige Beziehungen oder hierarchisch-zeitliche Zusammenhänge zwar gelegentlich – in der Regel recht willkürlich – konstruiert worden; um einen diesbezüglichen Nachweis ist es aber schlecht bestellt.

Gesicherte qantitative Bezüge, wie sie z.B. bei der Fortentwicklung physikalischer Theorien unabdingbar sind, bestehen bei dieser Gruppe von Alternstheorien nicht. Sie wären etwa zwischen der Eigendynamik der postulierten Schäden, dem artverschiedenen zeitlichen Ablauf der Organinvolution und der offensichtlich an ausreichende Reproduktion angepaßten Lebensdauer der Individuen zu erwarten.

Diese Theorien können durchweg die offensichtliche ökologische *Zweckmäßigkeit* der artspezifischen Lebensdauern nicht erklären. Sie gehen in der Regel auf diesen entscheidenden Punkt gar nicht erst ein. Sie beschränken sich im wesentlichen auf die Darlegung von «proximalen» Alternsveränderungen im Organismus und ihren Mechanismus, ohne den Zusammenhang mit anderen Entwicklungsvorgängen und dem Lebenszyklus der gesamten Art herzustellen. Die Seneszenz hat aber in der genetischen Regulierung und deren Selektion in der Evolution gegenüber anderen «zeitabhängigen» Lebensprozessen keine Sonderstellung. Es ist unsinnig, sowohl diese Lebensprozesse wie auch die Seneszenz und Begrenzung der Lebensdauer allein aus Struktureigenheiten des Individuums zu begründen und erforschen zu wollen (s. weiter unten).

Versuche, die Symptomatik der Seneszenz über eine Schadenskette mit einem einheitlichen strukturellen Ausgangspunkt zu erklären, sind ohne überzeugendes Ergebnis geblieben. Solche integrativen Alternstheorien [z.B. «Unified Theory of

Ageing», 185] sind heute überwiegend zugunsten einer «multikausalen Interpretation» [60, 124] fallengelassen worden. Da dabei von einer Definition des üblicherweise gebrauchten Begriffs «Altern» («Ag(e)ing») meist abgesehen wird, bleibt weitgehend offen, was eigentlich «multikausal interpretiert» wird. Zutreffender wäre es, in den meisten Fällen statt «multikausal» den Ausdruck «multisymptomatisch» zu verwenden. Oft wird nicht einmal unterschieden, ob sich eine Aussage zum «Altern» auf das ganze Individuum oder seine einzelnen Zellen bezieht.

Beim Versuch, die Ursache der Begrenzung der Lebensdauer des Individuums aus Alterungsprozessen seiner Bestandteile, besonders der differenzierten Zellen und ihrer begrenzten Proliferationspotenz abzuleiten, werden die Dinge auf den Kopf gestellt. Das Ganze (Individuum) ist bekanntlich «mehr als die Summe seiner Teile» (Zelle). Die selektierte Funktion des Individuums diktiert das Verhalten seiner Zellen. Wäre es umgekehrt, würde das Individuum den thermodynamischen Eigengesetzlichkeiten seiner Moleküle und dem «Egoismus» seiner Zellen ausgeliefert sein. Diese Annahme wäre wohl unsinnig – angesichts der zeitlich-räumlich hochorganisierten, hierarchisch gegliederten Strukturen der Lebewesen. Das genetische Programm der Zellseneszenz muß dem genetischen Programm des Individuums untergeordnet sein, denn die natürliche Selektion – nicht nur des Seneszenzverlaufs – greift am gesamten Metazoon und darüber hinaus an seiner Art an, nicht an seinen einzelnen Zellen (s.unten).

Symptomatisch ist in den heute überwiegend englischsprachigen Publikationen neuerer Alternstheorien der auffallend reichliche Gebrauch der Wörter «may», «could» oder «might», mit dem Kausalketten herbeispekuliert werden. Diese Strapazierung des Konjunktivs stellt für theoretische Arbeiten anderer naturwissenschaftlicher Gebiete, etwa der Physik, eine Rarität dar. Das dürfte nicht nur am unterschiedlichen «Grad der Exaktheit» der Wissensgebiete liegen.

Für die theoretische Behandlung einer universellen Naturerscheinung, wie sie die zeitgerechte, artspezifische Einstellung der Lebensfunktionen bei den Individuen biologischer Arten darstellt, sollten gleiche Ansprüche gelten. Auch für die Seneszenz läßt sich die Möglichkeit einer empirisch zu sichernden, theoretischen Erfassung mit logisch nachvollziehbaren quantitativen Bezügen zwischen relevanten Faktoren erwarten. Daß in der Biologie die Vielfalt der Faktoren und ihre Variabilität größer ist und eher stochastische Gesetze zum Tragen kommen, sollte nicht dazu verleiten, spekulativen Schlüssen mehr Raum zu geben.

2.1.1 Zur «Freien-Radikal-Theorie des Alterns»

Beliebt ist die Annahme einer lebensbegrenzenden Bedrohung des Individuums durch einen mit seinem normalen Stoffwechsel verbundenen, subzellulären physikalisch-chemischen Prozeß. Es wird also eine schädliche, metabolische

Nebenwirkung als Ursache oder beschleunigender Faktor der Seneszenz vermutet (s. Beispiele Tab. 1, Spalte 1).

Dies gilt ganz besonders von der merkwürdig populären, heute vorherrschenden «(Oxygen-)Free Radical Theory of Aging» von Harmann [76] und ihren Varianten [78, 83]. Sie stellt seit Jahrzehnten eine Arbeitshypothese für zahllose Experimente dar und ist nach über 40 Jahren (!) trotz ständig gewandelter Form genauso wenig bewiesen wie zur Zeit ihrer Konzipierung. Exemplarisch für die obigen Ausführungen zu «entropisch-destruktiven» Alternstheorien soll deshalb auf diese Theorie etwas näher eingegangen werden.

Seneszenz («aging») soll danach durch *enzymatisch ungeregelte Oxidationen* («oxidative stress» [41]) oder Einwirkungen *freier chemischer Radikale* als Folgeprodukte des Stoffwechsels an Zellstrukturen, DNA und Proteinen eintreten oder wenigstens beschleunigt werden. Die Annahmen zum Schadensmechanismus und dem primären Angriffspunkt wechseln dabei historisch mit dem allgemeinen molekularbiologischen Wissensstand und nach dem methodischen Gebiet jeweiliger Autorengruppen. Für die Auslösung der postulierten toxischen Reaktionsketten werden meist die aus dem oxidativen Energiestoffwechsel stammenden Superoxid-Anionen (O_2^-) oder Wasserstoffperoxid (H_2O_2) verantwortlich gemacht.

Der hauptsächliche Begründer und bis heute eifrige Vertreter dieser Theorie, Harman [76, 78, 80–82, 84] definierte [79] ihren Mechanismus wie folgt: «This theory is based on the chemical nature of free radical reactions and their ubiquitous («prominent» [80]) presence in living systems. *The aging process may be simply the sum of random changes* produced by these reactions.», frei übersetzt: «Diese Theorie basiert auf der chemischen Natur der Reaktionen freier Radikale und ihrem ubiquitären («hervorstechenden») Vorkommen in lebenden Systemen. Der Alternsprozeß könnte einfach nur die Summe zufälliger Veränderungen durch diese Reaktionen sein.» Weiterhin meint Harman [80] ausdrücklich: «The theory postulates that aging is caused by free radical reactions; i.e., these reactions may be involved in production of the aging changes associated with the environment, disease and the intrinsic aging process.» (Frei übersetzt: «Die Theorie postuliert, daß Altern durch Reaktionen freier Radikale verursacht wird; d.h., diese Reaktionen könnten an der Entstehung von Alternsveränderungen beteiligt sein, die mit der Umwelt, Erkrankung und dem Alternsprozeß an sich verbunden sind.»

Dazu ist zu bemerken: Es steht außer Frage, daß Superoxid-Anionen und sekundär andere freie chemische Radikale beim Sauerstofftransport, bei immunologischen Abwehrreaktionen [s. 105, pp. 337 ff] und passager im Stoffwechsel auftreten können [zur Biochemie siehe z.B. 17; 187, pp. 405 ff, 422 ff], auch daß es unter anderem durch sie zu ungeregelten – aber biochemisch kompensierbaren – Nebenreaktionen kommen könnte. Bereits die einfachsten bio-*logischen* Überlegungen machen es jedoch unverständlich, wie eine darauf aufgebaute Schadens-Theorie – nach ihrer Publizität noch in den letzten 3 Jahren zu urteilen [siehe z.B. 41, 57] –

heute zur führenden Hypothese über Herkunft und Mechanismus des *biologischen Alterns,* und zwar bei *allen* Lebewesen, aufsteigen konnte.

Verständlicher ist schon, daß man kommerziellerseits auf dieser «Grundlage» Vitamin E und andere «Antioxidantien» als zumindest «alternsverzögernde» Gegenmittel (ohne jeden diesbezüglichen, in 40 Jahren zweifellos möglichen, klinisch-epidemiologisch gesicherten Wirkungsnachweis) empfiehlt.
Eine internationale Konferenz auf Hawaii im September 1994, auf der, nach einer diesbezüglichen Veröffentlichung [41] zu urteilen, durchweg die Hypothese der überragenden biologischen Bedeutung der Schädlichkeit freier Sauerstoffradikale für das Altern vertreten wurde, ist nachweislich [41, Vorwort der Herausgeber] von 12 großen pharmazeutischen und kosmetischen Firmen – denen diese Konzeption als Verkaufsargument für ihre Antioxidantien wohl recht gelegen ist – finanziert worden. Bemerkenswert erscheint auch, daß es besondere Gesellschaften, wie «The Oxygen Society» oder die «Society for Free Radical Research - Asia», und eine spezielle Zeitschrift («Free Radicals in Biology and Medicine») zur Propagierung der genannten Vorstellung gibt. Sucht man dagegen in gebräuchlichen biochemischen oder zellphysiologischen Lehrbüchern oder Enzyklopädien nach, so ist – falls der Begriff dort überhaupt zu finden ist – nicht einmal eine Andeutung für diese Spekulation einer systematischen pathophysiologischen Bedeutung freier Radikale in der gesamten Biologie und Medizin zu finden (siehe z.B. 7, 97, 187, 192].
Dies ist um so erstaunlicher, als Harmann [84] die folgende Auswahl von Erkrankungen, bei denen freie Sauerstoffradikale des Stoffwechsels eine ursächliche Rolle spielen sollen, verzeichnet: Arteriosklerose, Krebs, M. Alzheimer, M. Parkinson, essentielle Hypertonie (Bluthochdruck), Katarakte, Fanconi-Anämie (angeborene Panmyelopathie), Bloom-Syndrom, Amyloidosis, Diabetes mellitus, Laennecs (alkoholische) Leberzirrhose. Damit wären «freie Sauerstoffradikale» der weitaus bedeutendste pathogenetische Faktor beim Menschen und Antioxidantien die wichtigsten Arzneimittel – unter paramedizinischer Indikationsstellung!

Trotz intensiver jahrzehntelanger Forschung, die sich mit jeder denkbaren toxischen Bedeutung von im normalen Stoffwechsel und bei Nebenreaktionen kurzfristig anfallenden freien (Sauerstoff-) Radikalen und der Akkumulation ihrer möglichen Schadensprodukte befaßt, besteht keinerlei Beweis für die Annahme, daß hierin eine *universelle Seneszenzursache* zu sehen ist. Dies gilt besonders für die Beziehung zwischen oxidativen Schäden an Nukleinsäuren, Proteinen, Lipiden oder Membranen von Zellen oder Zellorganellen und Seneszenz. Lapidar meint ihr hauptsächlichster Verfechter 4 Jahrzehnte nach ihrer Aufstellung dazu: «Precisely how free-radical reactions cause aging and death is not known» [83]; frei übersetzt: «Wie Reaktionen freier Radikale Altern und Tod verursachen ist nicht genau bekannt.» Das «Wie» wäre hier wohl nach dem Stand der Dinge [41, 57] zutreffender durch das Wort «Ob» zu ersetzen.

Demnach ist der die unterschiedlichen Seneszenzverläufe der Arten erklärende, verantwortliche Strukturschaden bis heute nicht nachgewiesen worden. Es handelt sich um eine «Theorie», bei der weder die Seneszenz-verursachende Reaktion noch die Reaktionspartner, noch vor allem ihre biologischen Folgen und quantitativen Relationen *unter Berücksichtigung der Gegenregulationen* bekannt sind. Gegenüber

Selektionsmöglichkeiten anhaltend wirksamer intrazellulärer Gegenregulationen sind darüber hinaus in der Evolution keinerlei grundsätzliche Hindernisse erkennbar.

Allein die Vorstellung, daß die strukturell und zeitlich differenzierten Rückbildungsprozesse von Tieren unterschiedlichster Arten und ihrer Zellen durch fehlgeleitete Reaktionen von Sauerstoffionen oder freien Radikalen an allen möglichen Zellarten und Zellstrukturen «stochastisch *geregelt*» sein sollen, ist ein Widerspruch in sich. Zufall und Wahrscheinlichkeit sind keine Regelungsfaktoren – jedenfalls nicht im deterministischen Sinne. Es wäre schon merkwürdig, wie diszipliniert der Zufall hier den zeitlichen Erfordernissen im Dasein verschiedener Zelldifferenzierungen folgt, die Entwicklungsphase des Individuums ausklammert (!) und sich an die extrem unterschiedliche, zur Reproduktion der jeweiligen Art notwendige Lebensdauer der Individuen (Schildkröte 156 Jahre, Maikäfer-Imago 3 Wochen) und seiner Unterstrukturen hält.

Als Ausweg zur Stützung der «Freien-Radikal-Theorie» bietet sich an, umgekehrt die Regulation der artspezifischen Lebensdauer durch die Gegenregulation gegenüber der potentiell schädlichen Wirkung dieser freien Radikale – oder anderer stochastischer Schädigungen – zu «erklären» [z.B. 15, 50]. Der eigentliche, hypothetische, Seneszenz-verursachende Primärfaktor bliebe aber auch dabei die intrazelluläre Wirkung oxidativer Metabolite. Ihnen gegenüber erhielte das «antioxidant defense system» (ADS, «Antioxidatives Verteidigungssystem») die Lebensfähigkeit. Beim Nachlassen der schützenden Funktion des ADS soll es dann zur Seneszenz kommen.

Dagegen spricht vor allem die differenzierte Phänomenologie der Seneszenz sowohl des Individuums als auch der verschiedenen Zellarten [siehe auch 37, 89] mit ihren Unterschieden in der Proliferationslimitierung, der postmitotischen Lebensdauer und schließlichen zellulären Involution. Letztere unterliegt weitgehend einer genetischen Kontrolle, wie sie auch für den rascher verlaufenden genetisch programmierten Zelltod unter dem Bild der Apoptose zutrifft [18, 19, 85, 98]. Für eine Bedeutung ungeregelter Oxidationsprozesse bei diesen Vorgängen besteht kein Nachweis. Ob sie zusätzlich für eine gewisse Beschleunigung funktioneller Beeinträchtigungen im Verlauf der Seneszenz bei bestimmten Arten (z.B. der *Drosophila* [15]) in Frage kommen, sei dahingestellt.

Wodurch wurde denn die Aktivitätsdauer der Gegenmechanismen, etwa der Synthese von Superoxid-Dismutase (SOD) abhängig von Zelltypen, Individuen und Arten für unterschiedliche Zeiten, selektiert? Die «Vorwärts-Logik» der Evolution ist doch wohl, daß die Dauer jeder Biosynthese und ihrer Wiederholung nach den Erfordernissen der Reproduktion der Art selektiert wird, und nicht von den Möglichkeiten der Erhaltung eines entsprechend räumlichen Erfordernissen vorgefertigten Individuums bestimmt ist (siehe unten).

Daß die *DNA* somatischer Zellen nach heutiger Vorstellung der hauptsächliche Angriffspunkt einer solchen Seneszenz-verursachenden oxidativen Zerstörung sein soll [2, 10, 68, 170], stellt einen verständlichen Kurzschluß dieser Theorie zum gegenwärtigen «Mainstream» biologischer Forschung dar. Hier kommt der DNA zusammen mit der RNA bekanntlich die zentrale Bedeutung zu. Auch viele andere destruktiv-entropische und evolutionsbiologische Alternstheorien folgen diesem Trend mit ihren entsprechenden Annahmen zur Auswirkung von Genschäden auf die Lebensdauer. Bereits früher [3, 173, 185] wurde die Unhaltbarkeit von Theorien zum biologischen Altern dargelegt, deren Grundlage somatische Mutationen bilden. Dazu gehören auch die neueren, aber konzeptionell gleichen Vorstellungen eines von Mutationen begrifflich abgegrenzten *«DNA-Damage»* als Alternsursache [siehe z.B. 22].

Die Ungereimtheit, daß sich die Zerstörung der DNA durch «Freie Radikale» bei uns erst *nach* der Pubertät und bei gleichen Zellarten verschiedener Tierarten mit extremen Unterschieden einstellt (oder entsprechend langsamer «kumuliert»), wird weitgehend ignoriert; ebenso, daß sie offenbar bei Mikroorganismen, vielen Pflanzen, sich asexuell fortpflanzenden Metazoen und Keimzellen *fehlt.* Warum kann sie hier und nicht in den «somatischen», besonders postmitotischen Zellen erwachsener Tiere kompensiert werden? Warum spielt sie in unseren (postmitotischen) Nervenzellen bis zum 20. Lebensjahr keine funktionelle Rolle, sondern erst danach?

Warum bleibt die Kumulation stochastischer Oxidationsschäden an der Mitochondrien-DNA (mtDNA), die nach der strukturellen Aufklärung der mtDNA [12] 25 Jahre nach der Formulierung der «Free Radical Theory» [76] (!) besonders in neueren Arbeiten zu dieser Theorie als maßgeblicher Seneszenz-verursachender Faktor angesehen wird [115, 136, 170, 176], bei Eizellen, mitotischen Zellen oder während des Wachstums eines Individuums aus? Eine negative Selektion von Mitochondrien mit «DNA-Oxidationsschäden» aus den genannten, phänotypisch nicht «alternsveränderten» Zellen ist nicht nachgewiesen – ebenso wenig wie eine bereinigende Wirkung von Mitosen auf hypothetische somatische Mutationen von Zellkern- oder Mitochondrien-DNA, etwa durch Segregation geschädigter Mitochondrien und anschließender Zell-Selektion.

Warum bleiben Oxidationsschäden der mtDNA in der Keimbahn im Vergleich zu den somatischen Zellen bei Tieren aus, wenn doch bei beiden altersgleichen (!) Zellarten mtDNA-Reparaturenzyme oder ein allgemeines mtDNA-Rekombinationssystem nicht bekannt sind?

Auf die Diskussion weiterer fragwürdiger Details und anscheinend stützender experimenteller Untersuchungen zu dieser spekulativen Kausalverbindung von Seneszenz und freien chemischen Radikalen muß hier aus Platzgründen verzichtet werden. Nur einige kritische Beurteilungen bekannter Gerontologen sollen noch angefügt werden:

Balin stellt 1982 nach eingehender Analyse der «Free Radical Theory of Aging» fest:

«It has not been established whether oxidative stress induced by free radical reactions and reaction products are a cause, a contributory cause or concomitant with the aging process.»
Übersetzt: «Es ist nicht nachgewiesen worden, ob der oxidative Streß, hervorgerufen durch Reaktionen freier Radikale und Reaktionsprodukte eine Ursache, eine beitragende Ursache oder eine Begleiterscheinung des Alternsprozesses ist.»

Auch in der Folge ist ein Nachweis der Seneszenz-verursachenden oder -beschleunigenden Kumulation von sich funktionell an den genannten Strukturen auswirkenden Oxidationsprodukten ausgeblieben. So kommt Holliday [91] in seinem jüngsten Buch zum Schluß:

«Attempts to test the free radical theory have not been very successful.»
Übersetzt: «Versuche, die Freie-Radikal-Theorie zu prüfen, waren nicht sehr erfolgreich.»

Ozawa [136], selbst Vertreter einer Variante dieser Theorie (oxidative Schäden an der Mitochondrien-DNA, siehe unten) stellte kurz davor fest:

«No adequate biomarker to support the theory has as yet been found.»
Übersetzt: «Kein adäquater Biomarker ist bisher gefunden worden, der die Theorie unterstützt».

Vojta und Barret [193] können in ihrer kürzlich veröffentlichten Analyse zur Genetik der zellulären Seneszenz keine Bedeutung von «Freien Radikalen» bei diesem Prozeß erkennen und kommen zur Aussage:

«Evidence has accumulated to suggest that this theory, by itself, is not correct.»
Frei übersetzt: «Es haben sich Beweise angesammelt, die darauf schließen lassen, daß diese Theorie an sich nicht richtig ist.»

Zur Problematik und methodischen Fragwürdigkeit des beliebten Nachweises von oxidativen Abbauprodukten der DNA, besonders von 8-Hydroxy-Desoxy-Guanin-Derivaten als Beweis einer intravitalen oxidativen Veränderung der DNA im Rahmen des biologischen Alterns, hat unlängst Lindahl [114] Stellung genommen.

Zusammengefaßt ist es von vornherein mechanistisch und geradezu absurd, die Seneszenz als Oxidationsvorgang erklären zu wollen. Auch nach 4 Jahrzehnten ihres Bestehens handelt es sich bei der «Free Radical Theory of Aging» jedenfalls um eine der fragwürdigsten «May-Theorien» (siehe oben); die Versuche zu deren Verifikation erhalten allerdings weltweit viele (Labor-)Arbeitsplätze.

Dies alles hat nicht davon abgehalten, diese Theorie in ihrer heutigen Form [83] mit der ebenfalls unbewiesenen «Error catastrophe»-Hypothese [132] unlängst von profilierter Seite noch zu einer *«Network Theory»* zu vereinigen (Kowald u. Kirkwood [108], siehe Tab. 1). Die ursprüngliche «Error catastrophe»-Hypothese, nach der Fehlerkaskaden bei der Biosynthese Seneszenz verursachen sollen, wurde von ihrem Begründer selbst auf eine mögliche Bedeutung ausschließlich bei der Zellseneszenz eingeschränkt [133, 134] und ließ sich experimentell nicht bestätigen [s. unter anderem auch 137]. Mangelnde Ausgangsfakten scheinen auch hier ein beeindruckendes, aber im Ergebnis nichtssagendes mathematisches Formelwerk nicht behindert zu haben.

2.1.2 «Minitest» für destruktiv-entropische Alternstheorien

Die weiteren in Tabelle 1 aufgeführten, weniger verbreiteten Theorien im Detail zu erklären und zu diskutieren würde weit über den Rahmen dieses Buches hinausgehen. Es hätte den medizinisch-biologischen Fortschritt wohl kaum behindert, wenn *keine* der Alternstheorien auf destruktiv-entropischer Grundlage, wie sie (teilweise) in Tabelle 1 aufgeführt sind, das Licht der Welt erblickt hätte.

Dessenungeachtet sei eine kleine pauschale Anmerkung zur Frage orientierender «Theorientestung» gestattet: Jede angebotene «Alternstheorie» sollte den Unterschied im Seneszenzverlauf und der Lebensdauer

- bei verschiedenen Arten,
- den Geschlechtern,
- spezialisierten Individuen gleicher Art,
- ihrer Unterstrukturen, besonders unterschiedlicher Zelldifferenzierungen im gleichen Individuum erklären können.

So können etwa 50% der aufgeführten und unverdrossen weiter aufgestellten destruktiv-entropischen Alternstheorien schon durch artvergleichende Betrachtungen und die fehlende Antwort auf die naive Frage «...und warum kann dann bei den gleichen Zellarten, gleichen Substanzklassen und prinzipiell gleichen Stoffwechselvorgängen die Maus nur 3 Jahre leben, die Fledermaus 30, der Elefant 70, die Schildkröte sogar über 152 Jahre?» widerlegt werden. Die andere Hälfte der Theorien, hauptsächlich die von einem unausweichlichen, zufallsbedingten «primären Genschaden» und somatischen Mutationen als Alternsursache ausgehenden, kollabiert durch die zusätzliche Frage «...warum kann die Sommer-Arbeitsbiene nur maximal 70 Tage, die Winter-Arbeitsbiene 1 Jahr und die Bienenkönigin sogar 6 Jahre leben – alle mit dem gleichen Genom?» Die gleiche DNA müßte auch gleich schadensanfällig sein!

Man müßte somit die Schädlichkeit des Körper- bzw. Zellmilieus der genannten Bienen-Spezialisierungen als Ursache der Differenz des Seneszenzverlaufs annehmen. Damit aber wird die Seneszenzursache auf die *adaptive epigenetische* Ebene – bei einem anderen, programmierten Muster der Genexpression – verlagert, gerade dorthin, wo sie die «Schadens-Theoretiker» nicht haben wollen.

Es gelingt auch nicht, durch direkte Gen- bzw. DNA-Schädigung die artspezifische Phänomenologie der Seneszenz, bis auf wenige Teilsymptome bei Strahleninduzierten Zellschädigungen, zu imitieren.

Wenn die Vertreter von destruktiv-entropischen Alternstheorien zur Erklärung des unterschiedlichen Seneszenzverlaufs die unterschiedliche genetische Programmierung von *Reparaturvorgängen* gegen die postulierten Schäden heranziehen sollten, sind sie unmerklich ebenfalls auf die adaptive Gegenseite übergetreten: Sie hätten damit zumindest eingesehen, daß nicht der Spontanverlauf angenommener «Primär-Schäden» (z.B. Oxidation von Zellstrukturen), sondern die Aufrechterhaltung von in der Evolution aufgrund arterhaltender Zweckmäßigkeit selektierten, genetisch programmierten Regenerationsfunktionen für den Seneszenzverlauf bestimmend ist. Damit müßten sie erklären, *warum* die Regenerationsfunktionen nach Arten und ihren Teilstrukturen unterschiedlich selektiert sind. Offensichtlich spielt gegenüber den Möglichkeiten der Evolution ein regelmäßig zu erwartender «innerer» Strukturschaden des Individuums bei der Programmierung seiner Seneszenz und Lebensdauer bei keiner Art eine Rolle. Er wird «nach Bedarf» regenerativ ausgeglichen.

Bereits im vorigen Kapitel wurde ausgeführt, daß die artspezifische Lebensdauer nicht aus der bloßen Möglichkeit einer Gegenregulation gegen die Seneszenz bei vorgegebener Struktur zu erklären ist.

2.2 Die evolutionsbiologischen Alternstheorien

Im vorigen Abschnitt sind wir über die genetische Programmierung der Regeneration bereits zur Notwendigkeit einer Einbeziehung der Evolution zur Erklärung des biologischen Alterns der Tiere gekommen. Erst die ökologische Anpassung während der Evolution gibt der Begrenzung der Lebensdauer einen Sinn. Gerade für «das Altern» gilt die auch von Rose [155] zitierte Feststellung von Dobzhansky [48] «Nothing in biology makes sense except in the light of evolution.» (Nichts in der Biologie macht Sinn außer im Licht der Evolution).

Erfreulicherweise gewinnen *evolutionsbiologische* Seneszenztheorien in den letzten Jahren zunehmend an Bedeutung. Diese Theorien führen näher an die biologische Ursache der Seneszenz heran, da sie primär nicht nur von «zwangsläufigen», mit dem Altern des Individuums verbundenen Strukturveränderungen ausgehen, sondern populationsgenetische und -dynamische Überlegungen einschließen. In diesen Theorien geht es zwar in erster Linie um das «Warum» der Begrenzungen artspezifischer Lebensdauern, jedoch lassen sich aus ihnen auch Hinweise zum «Wie», dem strukturellen oder «physiologischen» Mechanismus der Seneszenz erwarten.

Allerdings fehlt ihnen noch der wesentliche dritte Schritt zur Begründung des Seneszenzphänomens: die Beachtung der umfassenden, strukturell differenzierten Anpassung biologischer Arten mit ihrem gesamten Lebenszyklus an die jeweils speziellen *räumlichen wie zeitlichen Begrenzungen ihrer ökologischen Nischen.* Es fehlt allen bisherigen Alternstheorien somit die Beachtung der strikten *raum-zeit-*

lichen Komplementarität der Art mit ihrer ökologischen Nische als Ergebnis der Evolution. Erst sie erklärt uns – zusammen mit der Reproduktion als bestimmendes Lebensmerkmal – unser biologisches «Altern», die Seneszenz.

Eine völlige Übereinstimmung, welche Seneszenztheorien unter dem Begriff «evolutionsbiologisch» einzuordnen sind, besteht im übrigen allerdings nicht. Medvedev [124] sieht in seiner bereits genannten Übersicht das Kennzeichen der «Evolutionary Theories of Ageing» darin, daß sie die artspezifischen Unterschiede der Lebensdauer zu erklären versuchen. («These theories are designed to explain the wide range of species-specific variations of lifespan – from a few days to hundred of years.») Wenn auch der *Vergleich* die führende Methode in der evolutionsbiologischen Analyse der Lebensdauern und der Seneszenz bei den verschiedenen Arten sein sollte, erscheint er *allein* zur Charaktierisierung dieser Theoriengruppe nicht ausreichend.

Rose [153] meint in seinem populären Buch zur «Evolutionary Biology of Aging» (p. 16), bereits eine Übereinstimmung aller gerontologischen Evolutionstheoretiker darin feststellen zu können, daß der Grund der Seneszenz letztlich die abnehmende Kraft der natürlichen Selektion im Alter ist («...all evolutionary theorists who have published on the causes of aging have agreed that the ultimate cause is the declining force of natural selection with age. This is the essential evolutionary theory of aging.»). Dadurch erkläre sich sowohl die postulierte Akkumulation mangelhaft negativ selektierter Mutationen oder auch «antagonistisch pleiotroper» Genwirkungen, die sich beide in höheren Altersklassen schädlich auswirkten und dort die Phänomenologie der Seneszenz hervorriefen.

Also hätte man sich mit dieser Auffassung – «Seneszenz wird durch mangelhafte Selektion Fitneß-vermindernder Schädlichkeiten verursacht» – bereits nicht nur auf ein gemeinsames Kriterium, sondern auch auf *die* evolutionsbiologische Alternstheorie geeinigt. Da aus ihr kein Vorteil der Seneszenz für das Überleben der Art und keine auf eine bestimmte Begrenzung der Lebensdauer entsprechend der biologischen Komplementarität (siehe oben) gerichtete Selektion folgen, ist sie als *nicht-adaptiv* einzuordnen.

Für einen solch weitreichenden Schluß – den Ausschluß einer adaptiven Rolle der Seneszenz – erscheinen die empirischen Voraussetzungen allerdings nicht ausreichend und die Argumente dieser «Essential Theory» nicht überzeugend (siehe unten).

Es wird deshalb vorgeschlagen, einfach *die* Theorien der Seneszenz als «evolutionsbiologisch» zu klassifizieren, die im Unterschied zu den rein entropisch-destruktiven Alternstheorien von einer Evolution der artspezifischen Lebensdauer und Seneszenz ausgehen und diesen Evolutionsmechanismus zu erklären versuchen. Es sollte von diesen Theorien zu erwarten sein, daß sie die hauptsächlichen natürlichen Selektionsfaktoren für die Lebensdauer sowie populationsgenetische und ökologische Zusammenhänge umfassen.

Tabelle 2. Evolutionsbiologische Alternstheorien

Leitgedanke	Begründer/Neuinterpreten
1) Adaptation der Lebensdauer durch Selektion mit Optimierung der Überlebenschancen der Arten 2) Beseitigung «abgenutzter» post-reproduktiver Tiere zugunsten besserer Ressourcen für reproduktive jüngere	Weismann, 1881 [198]
«Evolutionsbiologische Standard-Theorie»: Selektionsminderung und Akkumulation schädlicher Mutationen oder «pleiotroper» Genwirkungen im höheren Alter durch exogene Populationsabnahme (höhere Altersklassen = «dustbin for the effects of deleterious genes»)	Haldane, 1941 [73]/Medawar, 1952 [122]; Williams, 1957 [200]; Edney und Gill, 1968 [51]; Charlesworth, 1980 [30]; Rose, 1991 [153]
Anpassungsnachteil im höheren Alter, da dort geringere Selektionskraft (ähnlich der Standard-Theorie, aber mit Bezug zur Adaptation)	Hamilton, 1966 [74]
Optimierung der Energieverteilung zwischen Erhaltung und Reproduktion	Guthrie, 1969 [72]
Beschleunigung der Evolution durch kürzere Rekombinationsintervalle bei kürzerer Reproduktionsdauer des Individuums	Denckla, 1975 [44]
Ressourcenbalance zwischen Erhaltung des «disposable soma» und Fertilität	Kirkwood, 1977 [100]/Kirkwood und Rose, 1991[104]; Kirkwood und Holliday, 1979 [103]
Fitneß-Optimierung des Lebenszyklus	Partridge und Sibly, 1991 [140]
Für frühe Fortpflanzung sind Altersschäden als «costs of reproduction» in Kauf zu nehmen	Kirkwood und Rose, 1991 [104] Charlesworth, 1993 [31]

Nach diesem Kriterium wurden in Tabelle 2 die maßgeblichsten Vertreter dieser Theoriengruppe aufgenommen. Es ist dabei festzustellen, daß – anders als bei den rein destruktiv-entropischen Theorien – hier doch eher wenigen gemeinsamen Konzepten kooperativ gefolgt wird.

Erstmalig legte Weismann 1881 auf der 54. Tagung der Deutschen Naturforscher und Ärzte in Salzburg in seinem denkwürdigen Vortrag «Ueber die Dauer des Lebens» überzeugend dar, daß die Lebensdauer der Arten ein evolutiver Anpassungsprozeß ist [198, p. 32] («...ich halte den Tod in letzter Instanz für eine Anpassungserscheinung»). Er entwickelte diesen Ansatz in der Folge aber nicht konsequent zu einer schlüssigen Theorie weiter, wobei natürlich zu berücksichtigen ist, daß damals heutige Kenntnisse auf genetischem und populationsökologischem Gebiet fehlten.

Der einflußreiche Medawar [122] interpretierte 1952, wie 1979 auch Comfort [36], Weismanns Ausführungen leider unvollständig und lehnte sie als logischen Kreisschluß («vicious circle») ab. Tatsächlich trifft dieser Vorwurf für die in Tabelle 2 an zweiter Stelle zitierte Aussage Weismanns zu, auch die «Beseitigung abgenutzter Tiere» wäre ein Zweck des programmierten Individualtodes. Dies stellt eine Inkonsequenz Weismanns dar, da er damit von seinen übrigen Ausführungen zur adaptiven Rolle der Begrenzung der Lebensdauer – zumindest den seines oben zitierten Vortrages – abweicht.

Im weiteren historischen Verlauf fällt bei den evolutionsbiologischen Theorien zur Begrenzung der Lebensdauer eine Zeitlücke von 60 Jahren zwischen Weismann [198] und Haldane [73] – der keinen Bezug auf Weismanns Arbeit nahm – auf. Dies liegt nicht etwa daran, daß in dieser Zeit die Vorstellungen Weismanns so überzeugten, daß man nur noch ihnen folgte. Im Gegenteil gerieten sie fast in Vergessenheit, ohne daß neue nennenswerte Konzeptionen zur Evolution der Seneszenz entwickelt wurden.

Im gerontologischen Schrifttum unseres Jahrhunderts wurde bis Anfang der 80er Jahre Weismanns adaptive Auffassung zur Seneszenz weitgehend ignoriert oder abgelehnt. Selbst bei deutschen Gerontologen und Geriatrikern sind seine Vorstellungen zur «Dauer des Lebens» fast unbekannt geblieben. Offenbar lag das an der Dominanz der vordergründigen destruktiv-entropischen Alternstheorien. Dies läßt sich schon aus den Jahreszahlen der Tabelle 1 ableiten. Weitere, teils persönliche, teils wissenschaftshistorische Gründe dafür gehen aus einer interessanten Analyse von Kirkwood und Cremer [102] sowie einer Biographie von Löther [117] und einer Würdigung Weismanns seitens Sander [165] hervor.

Die heute hauptsächlich vertretenen evolutionsbiologischen Alternstheorien – nach Charlesworth [31] «standard evolutionary theories of aging» oder Rose [153] «Essential Evolutionary Theory of Aging» – beruhen zum größten Teil auf den Vorstellungen von Haldane [73, pp. 112–113], Medawar [122] und Williams [200; 201, pp. 26, 226]. Auf die Zitierung vieler weiterer Autoren, die sich diesem Konzept – in der Folge hier kurz «Standard-Theorie» genannt – anschlossen oder in Selektionsmodellen experimentell näherzukommen versuchten, wird hier verzichtet.

Laborexperimente zum Beweis der Selektierbarkeit einer Veränderung der spezifischen Lebensdauer einer Tierart können nicht die natürliche Selektion durch ihre ökologische Nische mit deren Begrenzung und Geschichte nachvollziehen. Daß Allele, auch quantitativer Merkmale, zu denen die artspezifische Lebensdauer gerechnet werden kann, bei entsprechender Variabilität selektierbar sind, ist gut bekannt. Es sollte keine Frage mehr sein, ob Seneszenz selektierbar ist, sondern wie (populationsökologisch) selektiert wurde und was (welche Gene und deren Wirkung) während dieser Anpassung selektiert worden ist.

2.2.1 Fragwürdigkeit der «Evolutionsbiologischen Standard-Theorie des Alterns»

Die heute dominierenden nichtadaptiven evolutionsbiologischen Theorien sind ideell durch ihre grundsätzliche Schäden- und Mängel-Vorstellung und teilweise sogar hinsichtlich der gleichen als alternsrelevant postulierten Schäden und Noxen mit den destruktiv-entropischen Alternstheorien verbunden. Meist gehen auch sie davon aus, daß letzten Endes primär strukturelle Ursachen für die Seneszenz vorliegen, wie eine Kumulation stochastischer *Gendefekte, somatischer Mutationen* oder *«(antagonistisch-)pleiotroper» Genwirkungen.* Diese würden in den durch lebenslange exogene, altersunabhängige Mortalität dezimierten, kleineren Populationen höherer Altersklassen gegenüber den jüngeren Altersklassen unzureichend negativ selektiert.

Da sie dann wenig Auswirkung auf die Reproduktion hätten, würden sich Mutationen und Gene, die sich im höheren Alter für das Individuum schädlich auswirkten, auch während der Evolution im Genom der Art ansammeln. Die Seneszenz wäre demzufolge nach Medawar [122] als «dustbin», als Mülleimer unselektierten Gen-Schrotts mit allen möglichen nachteiligen Wirkungen im höheren Alter anzusehen.

Nach dieser als evolutionsbiologische «Standard-Theorie» des Alterns [31, 153] erweiterten Auffassung wird also primär die exogene (Risiko-)Mortalität, die zur Verminderung selektierbarer Individuen im Alter gegenüber der Jugend führt, als verantwortlich für den Verlauf der Seneszenz angesehen. Je stärker die exogene Mortalität auf eine Tierpopulation einwirkt, um so rascher soll sich in der Evolution in höheren Altersgruppen auch die endogene Unfähigkeit zur Selbsterhaltung aufgrund mangelhafter Chancen zur Aussonderung schädlicher Genwirkungen im höheren Alter entwickeln.

Da somit diese «Standard-Theorie», wie alle *nicht*adaptiven Interpretationen der Seneszenz, davon ausgeht, daß es sich bei den «Alterserscheinungen» um eine *Unvollkommenheit* des Individuums handelt, braucht sie zur Frage eines eventuellen Vorteils des Seneszenzphänomens nicht Stellung zu nehmen. Aufgrund dieser Voraussetzung einer generellen Unvollkommenheit lebender Struktur, die zum «Altern» führt, ist sie leichter «verständlich» als die adaptive Konzeption. Da die ökologischen Zusammenhänge zudem auf das Minimum der Risiko-Mortalität reduziert sind und sie kurzerhand stets eine Möglichkeit zur Steigerung der Reproduktionsrate in jüngeren Altersklassen zum (mathematischen) Ausgleich des Populationsverlustes annimmt, scheint sie recht plausibel.

Ungeachtet dessen, daß aus den aufgeführten Gründen diese Hypothese nach Medawar [122] und Williams [200] noch heute bei profilierten Biogerontologen in hohem Ansehen steht [siehe z.B. 104, 139, 154, 155], müssen hier einige Zweifel an ihrem Zutreffen angemeldet werden: Wir werden sehen, daß die evolutionsbiologische «Standard-Theorie» letzten Endes kaum einer Art eine Überlebenschance in der Evolution bietet (siehe unten).

Zunächst ist kritisch zu bemerken, daß das postulierte strukturelle Primärsubstrat der Seneszenz (stochastische, unselektierte Genschäden oder «antagonistisch-pleiotrope» Wirkungen gleicher Gene in den unterschiedlichen Lebensaltern) bei der «Standard-Theorie» *nicht in Übereinstimmung* mit der *Phänomenologie* der Seneszenz bei den verschiedenen Arten – einschließlich der besonders gut untersuchten Alternsveränderungen beim Menschen – steht:

Unter der Voraussetzung heutiger molekularbiologischer Kenntnisse ist die Vorstellung solcher (antagonistisch-)pleiotroper, «schlechter» Wirkungen von Genen im höheren Alter des Individuums gegenüber ihrer Fitneß-steigernden «guten» Wirkung in der Jugend nicht mehr haltbar. Kein Gen wurde bisher gefunden, dem eine solche Eigenschaft zukommt [siehe z.B. 8].

Es ist nicht zu beobachten, daß das Erscheinungsbild und der regelmäßige, artspezifische Verlauf der Seneszenz bei Tieren wie Menschen durch chaotische Gendefekte oder «antagonistische» Nebenwirkungen vorher einmal nützlicher Genfunktionen geprägt sind. Vielmehr entspricht die Phänomenologie der Seneszenz genau dem Bild genetisch programmierter, in bezug auf die Art zweckmäßig geordneter Einstellung der individuellen Lebensfunktionen. Man braucht sich das nur etwa am Ergrauen seiner Haare vor Augen zu führen, an der bei allen Menschen gleichartigen Verminderung der Muskelfunktionen oder an den differenzierten Rückbildungsvorgängen bei der «Immun-Seneszenz». Die Seneszenzphänomenologie, zu der auch die Zunahme bösartiger Tumoren gehört, ist artspezifisch entsprechend den verschiedenen Genomen unterschiedlich. Sie verläuft bei allen gleichartigen Individuen altersabhängig monoton – abgesehen davon, daß die schließlich komplizierende Alterspathologie auf dem Boden der Seneszenzveränderungen und die Todesursachen individuell unterschiedlich sein können.

Den *populationsgenetischen* Teil der Hypothese, daß die Lebensdauer gleichartiger Individuen sich in der Evolution umgekehrt proportional zu ihrer exogenen (Risiko-)Mortalität entwickelt [200], widerlegte unlängst Abrams [1]. Er bezog, wie bereits Hamilton [74], auch die Populationsdichte in seine populationsdynamisch-mathematische Untersuchung mit ein. Beide Autoren gehen aber in ihren Analysen und bei der Interpretation der Seneszenzveränderungen im wesentlichen von der Populationsdynamik iteroparer Arten mit überlappenden Generationen aus (siehe unten). Weiterhin überbewerteten beide Autoren den Einfluß der Risiko-Mortalität auf die Lebensdauer gegenüber der zeitlichen Adaption der Art an eine spezielle, begrenzte ökologische Nische. Auch auf die Selektion des Seneszenzverlaufs durch die jeweiligen zeitlichen Erfordernisse des artspezifischen Fortpflanzungsprozesses gehen diese wie viele andere Autoren kaum ein.

Während die Annahme einer *Verkürzung* der Lebensdauer durch Akkumulation «schlechter» genetischer Eigenschaften gegen Lebensende nach der «Standard-

Theorie» noch einigermaßen verständlich ist, kann sie keine Erklärung dafür liefern, wie es zu einer *Verlängerung* der Lebensdauer in der Evolution kommt.

Möglicherweise impliziert man von vornherein, daß der Selektionsdruck zugunsten von Varianten mit einer längeren Dauer der Fortpflanzungsphase selbstverständlich ist, wie das z.B. Edney und Gill [51] formulierten:

«Any gene, however, which extends the reproductive period by postponing the onset of senescence has a selective advantage, so that there is a general tendency to prolong the mean reproductive life of individuals of any species.»
Frei übersetzt: «Jedes Gen, das die Fortpflanzungsperiode durch Hinausschieben der Seneszenz verlängert, hat einen selektiven Vorteil, so daß es eine allgemeine Tendenz gibt, die mittlere reproduktive Lebensspanne der Individuen bei jeder Art zu verlängern.»

Bei einer Verlängerung der Fortpflanzungszeit wäre ja rechnerisch die Fortpflanzungsmenge pro Einzeltier und damit dessen Fitneß höher. Dem stehe eben nur die exogene Mortalität mit der von ihr hervorgerufenen Akkumulation unselektierter «antagonistisch-pleiotroper Genwirkungen» im Alter oder schädlicher Mutationen im Wege. Bei Wegfall der exogenen Risiko-Mortalität wäre danach eine laufende Verlängerung der genetisch programmierten Lebensdauer anzunehmen. Unter der Beachtung der stets vorliegenden Begrenzung der ökologischen Nische ist dies unmöglich (siehe dazu auch den Abschnitt «Lebensdauer im Paradies»).

Zumindest müßte aber nach der Vorstellung der «Standard-Theorie» ein anderer Evolutionsmechanismus für die Lebens*verlängerung* als für die *-verkürzung* angenommen werden. Wie kommt es danach zu einer Lebens*verlängerung*? Hierzu gibt die «Standard-Theorie», die bis heute [z.B. 32] nur «deleterious alleles» oder die vage «antagonistic pleiotropy», also Genschäden oder gesundheitsschädliche Gen-Nebenwirkungen zur Erklärung der Seneszenz anbietet, keine Antwort. Zunächst müßten ja die lebensverlängernden «guten» Gene mutativ konstruiert und innerhalb der kleineren Alterspopulation positiv selektiert werden, aus denen später nach Medawar [122] der «Gen-Schrott» wird, der die Seneszenz kennzeichnen soll.

Bei Arten, die gerade im evolutiven Prozeß der Lebensverlängerung sind, dürfte es danach auch keine Seneszenzphänomenologie am Ende ihres Individuallebens geben, sondern statt dessen eine ausgezeichnete Fitneß aufgrund der selektiven Elimination des mutativen oder pleiotropen «Gen-Schrotts» und seiner Substitution durch «frisch evolvierte Fitneß-Gene». Bei gleichen Chancen für eine Verlängerung oder Verkürzung der Lebensdauer wäre dies bei etwa 50% aller Arten anzunehmen. Bei keiner ist dies aber festzustellen.

Merkwürdig ist auch die «umgekehrte» Argumentation in einer in der Gerontologie bis heute viel zitierten Arbeit Hamiltons [74] (siehe auch Tab. 2), der praktisch davon ausging, daß früher bei den Individuen einer Art in allen Altersklassen mehr «Gen-Schrott» im Sinne Medawars (siehe oben) zur Auswirkung kam, der dann in der weiteren Evolution im frühen Alter sukzessiv eliminiert bzw. durch Fitneß-steigernde Gene ersetzt wurde und heute noch im dezimierten höheren Alter als Seneszenzphänomen «liegenblieb». Etwas drastisch formuliert wären nach dieser Auffassung zuerst wohl alle Individuen einer Art Greise gewesen, die sich dann im frühen Alter verjüngten – eine offenbare Umkehr der biologischen Zeitmaschine.

Eine weitere Schwäche der «Standard-Theorie» liegt darin, daß sie bei der Interpretation der Bedeutung der Seneszenz und der Selektion des zeitlichen Seneszenzverlaufs fast ausschließlich von der Populationsdynamik relativ langlebiger iteroparer Tiere mit überlappenden Generationen und stabiler Altersstruktur ausgeht. Hier dürften – nach dem Einfluß von Medawar [122] – Hamilton [74] und besonders Charlesworth [30] auschlaggebend gewesen sein, die in ihren vielzitierten mathematischen Darlegungen zur Evolution der Seneszenz vom Modell solcher Tierpopulationen ausgingen. Sie vernachlässigen dabei weitgehend das ökologische Feedback, die speziellen Anpassungen der Arten, die für die jeweilige Dauer ihrer Strukturen, den Verlauf und die Phänomenologie der Seneszenz bestimmend sind. Bei ausschließlicher Berücksichtigung der Individual-Selektion haben weiterhin die Gruppen- und Sippenselektion [174, 203, 204] keinen Eingang in diese populationsgenetischen Analysen gefunden. Charlesworth [30, p. 205] lehnt ihren Einfluß auf die Evolution der Lebenszyklen («life histories») der Arten ausdrücklich ab oder ignoriert sie [31]. Dies ist unverständlich, da der Seneszenz des Individuums deutliche Merkmale eines altruistischen Verhaltens zugunsten sozialer oder verwandtschaftlicher Gruppen der Art zukommen. (Das unterschiedliche Seneszenzverhalten z.B. polymorpher sozialer Insekten, wie der Bienen oder Ameisen, ist kaum als Ergebnis der Individal-Selektion zu deuten.)

Obwohl wir wegen unserer eigenen Seneszenz für die genannte Fortpflanzungsart (iteropar mit überlappenden Generationen im gleichen ökologischen Raum) besonderes Interesse zeigen, reicht sie zur Deutung der universellen Rolle der Seneszenz für alle Metazoen keinesfalls aus. Der Evolutionsmechanismus der Seneszenz, insbesondere von Arten mit relativ kurzlebiger Fortpflanzungsphase (z.B. Pazifik-Lachse, Maikäfer und viele andere Insektenarten), wird dabei nicht beantwortet.

Gerade die Annahme, daß die Seneszenzphänomenologie Ausdruck einer Kumulation genetischer Defekte oder negativ-antagonistischer Genwirkungen ist, ist eine Folge der Fixierung auf Tierarten mit langlebiger Fortpflanzungsphase. Erst bei ihnen kommen Anhäufungen von Schädlichkeiten aller Art in Frage. Aber auch bei ihnen kann man den erkennbar systematisch adaptierten Seneszenzverlauf nicht einfach als Ausdruck kumulierter Schädlichkeiten ansehen. Man berücksichtige z.B. die überwiegend vorliegende sinnvolle Geschlechtsdifferenzierung der Seneszenz.

Die kennzeichnenden Strukturveränderungen der Seneszenz des Individuums sind nicht auf diese Weise aus der Populationsdynamik der Arten abzuleiten. Eine andere Sache ist es, daß sich aus der Populationsdynamik, besonders dem Populationswachstum der Art gegenüber ihrer begrenzten ökologischen Nische, eine

Begründung für den physiologischen Seneszenzverlauf und sein zeitliches Programm erwarten läßt (siehe unten).

Gegenüber der «Standard-Theorie» können bei einer *adaptiven* Interpretation der Seneszenz sowohl die Möglichkeiten der Verlängerung wie der Verkürzung der Lebensdauer und die artspezifische Seneszenzphänomenologie *zwanglos* abgeleitet werden. Dabei sind die räumlich-zeitlichen Rückkopplungen der Strukturen der Art mit ihrer ökologischen Nische zu berücksichtigen.

Es wurde bereits wiederholt ausgeführt, daß die Evolution der individuellen Lebensdauer prinzipiell nicht anders als die Evolution der *Strukturen* selbst, insbesondere ihrer *quantitativen* Merkmale, verlaufen kann. Allerdings erfordert die adaptive Interpretation – anders als die nichtadaptive – eine Beantwortung der Frage, warum Seneszenz für das Überleben einer bestimmten Art vorteilhaft ist und von welchen ökologischen Faktoren sie in der Evolution beeinflußt wurde. Diesen Fragen werden wir uns weiter unten zuwenden.

2.2.2 «Kosten» der Arterhaltung bei erwachsenen Tieren – keine Konkurrenz zur Fortpflanzung – Bemerkungen zur «Disposable-Soma-Theorie»

Bereits in der Diskussion zu den entropisch-destruktiven Alternstheorien wurde festgestellt, daß es in der Evolution für Lebewesen kein grundsätzliches Hindernis gibt, sich gegenüber regelmäßig nach anorganischen Gesetzen ablaufenden oder mit Stoffwechselprozessen verbundenen Defekten *regenerierend zu erhalten.* Selektion und Evolution betreffen nicht nur die äußere Gestalt der Individuen, sondern ebenso die Entwicklung innerer Strukturen, ihren Metabolismus und ihre Erhaltung.

Nun lautet der aussagekräftige Titel einer Arbeit von Kirkwood und Rose [104]: «Evolution of Senescence: Late Survival Sacrificed for Reproduction» («Evolution der Seneszenz: längeres Überleben geopfert für die Reproduktion»). Aus dieser Arbeit geht hervor, daß die Autoren beim erwachsenen Tier tatsächlich eine Konkurrenz zwischen physiologischen Mechanismen der Erhaltung einerseits und der Fortpflanzung andererseits sehen. Um eine frühere Reproduktion zu erreichen, werden die Erhaltungsmechanismen des Körpers geopfert. Es wird wieder eine stetige Priorität früher Fortpflanzung gegenüber der Erhaltung angenommen. Von der Notwendigkeit einer zeitabhängigen Balance zwischen den (langsam) nachwachsenden ökologischen Ressourcen und der jeweiligen Populationsstärke ist dabei nicht die Rede. Die Dauer der Erhaltung («maintenance») wird prinzipiell nicht begründet. Ebenso bleibt die Frage, weshalb nicht alle Lebewesen nach dieser Konzeption die «life history» der Eintagsfliege annehmen, offen.

Die von Kirkwood [100] in diesem Zusammenhang bis in jüngste Zeit [108] vertretene Modellvorstellung einer Trennung des *«disposable soma»* von der «germ line», also eines «wegwerfbaren Körpers», auf dessen Erhaltung es nicht ankommt, vom «Keimplasma» [199], ist allenfalls von historischem Wert. Ihr Bedeutung bei der Evolution der Seneszenz beizumessen [100, 103, 104, 153] ist eher irreführend. Am Soma greifen die ökologischen Einflüsse an und selektieren seine Struktur in der Evolution. Sie formen es auch in der uns hier besonders interessierenden zeitlichen Dimension. Allein im Leben des ganzen Körpers und seiner Umwelt liegt auch die Erklärung seines zeitlichen Seneszenzverlaufs, nicht in der Trennung von einer Keimbahn. Letztere ist substanziell nur als strukturelle Differenzierung für multiplikative Fortpflanzungszwecke zu verstehen. Wirft man das «disposable soma» [101, 103] in Medawars [122] «dustbin», bleibt nichts mehr vom Leben übrig.

Die «Keimbahn» ist – abgesehen vom Rohmaterial geringer, unselektierter Variabilität – nichts anderes als die komprimierte Erfahrung, die z.B. unsere «Art Soma» im Verlauf der Evolution mit der Reproduktion gemacht hat. Sie wird als in der DNA codierte Information über die Keimzellen weitergegeben. Die Natur ist aber darauf bedacht, die gesamte Reproduktion zu erhalten – mit der Keimbahn, so denn eine da ist. (Bei Pflanzen nicht differenzierbar.) Eine bestimmte Ordnung von Nukleinsäuren weiterzugeben ist kein Lebensinhalt. Der Körper ist Träger des Lebens – er ist nicht zum Wegwerfen da. Seine Keimbahn ist eines seiner Werkzeuge, sein Vererbungsinstrument. Es wäre absurd, diese Kausalrichtung gedanklich umzudrehen.

Als Begründung der «Disposable-Soma-Theory», also der mangelnden Erhaltung des Körpers, wird herangezogen, daß der eigentlich als günstig vorausgesetzte Zugewinn an Lebensdauer eben «some cost» [104] erfordert, die sich ab einem bestimmten Alter gegenüber dem Nutzen der Kosten früherer Fortpflanzung nicht mehr lohnen. Welcher Art diese «Kosten» aber sein sollen, wird weitgehend so offen gelassen wie ihre Quantifizierung.

Warum aber sollten innerhalb einer Tierklasse bei einer Art bestimmte Regenerations- und Reparaturvorgänge jahrzehntelang möglich sein und bei einer anderen, aus gleichen Zellarten zusammengesetzten nicht? Woraus wäre abzuleiten, daß der Aufwand, solche Reparaturvorgänge langfristig aufrechtzuerhalten, für das «disposable soma» des Menschen mehr als 100 Jahre, des Hundes 17 und der Maus nur 3 Jahre möglich ist? (Siehe oben «Minitest...».) Weshalb sollen die Kosten der Erhaltung des Individuums das Gegenstück einer Anstrengung für seine Reprodukion sein? («Cost of maintenance ... as the obverse of reproductive effort ...» [104]). Das Individuum wird doch gerade zur Reproduktion seiner Art erhalten. Diese Fragen bleiben gemäß dieser *Variante der «evolutionsbiologischen Standard-Theorie des Alterns»* völlig offen.

Unter «Kosten der Reproduktion» («costs of reproduction») werden allgemein sowohl energetisch-materielle Ressourcen der Umwelt, des Individuums (einschließlich seiner Wachstumsphase), der genetischen Programmierung als auch Fitneßverluste – etwa der Eltern bei der Versorgung der Nachkommen – verstanden [siehe dazu auch 21, 150, 181]. Natürlich verursacht im Leben alles irgendwelche «Kosten». Kein Merkmal ist in Größe oder Zeit unbegrenzt, d.h. muß mit anderen strukturellen Eigenschaften, einschließlich der Dauer, zugunsten der Reproduktion *abgestimmt* sein. Der Begriff «Kosten» ist zur Erfassung dieser Eigenschaften aber zu allgemein, wenn nicht gar entbehrlich. Bei nicht eindeutig definiertem Bezug ist er besonders in der Darlegung evolutionsbiologischer Zusammenhänge zur Seneszenz von zweifelhaftem Wert.

Dessenungeachtet stellen bestimmte Stoffe und Energie die materiell faßbaren Kosten der Reproduktion dar. Diese werden bei der Erhaltung der Art – im Gegensatz zum Wiederaufwachsen bis zum geschlechtsreifen Individuum – eindeutig gespart. Die Aufrechterhaltung von Reparaturvorgängen und die Fortpflanzung stehen damit nicht aus Gründen einer energetischen Kostenbalance im gleichen Organismus in Konkurrenz. Längere Erhaltung würde wegen dieser Einsparung an Wachstumsmaterial im Gegenteil die Fortpflanzungsmöglichkeiten des erwachsenen Tieres fördern. Beide, Fortpflanzung und Erhaltung, würden auch unter dieser mechanistischen Betrachtungsweise zwar quantitativ verschieden gewichtet, aber grundsätzlich immer gleichsinnig positiv selektiert. Nur die ökologische Kapazität, die fließend und zeitlich-räumlich diskontinuierlich verteilt sein kann, setzt beiden eine Grenze.

Die Hypothese eines generell bestehenden physiologischen «trade-off» oder eines Konkurrenzverhältnisses zwischen der Erhaltung und der Fortpflanzung des Individuums [z.B. 104, 181] ist also spekulativ. Diese Charakterisierung wird auch nicht dadurch widerlegt, daß in einzelnen Beobachtungen eine solche Rückkopplung zu bestehen scheint – so beim Fliegenschnäpper [71] und bei männlichen Nematoden *(Caenorhabditis elegans)* [191], – beim Darwin-Finken [69] und der Fruchtfliege [138] allerdings fehlt.

Die zumindest den Bestand der Art sichernde Fortpflanzung kann sowohl das Ergebnis der Selektion einer längeren wie einer kürzeren Erhaltung des erwachsenen Tieres sein. Dieses Ziel kann je nach den ökologischen Bedingungen und ohne jede grundsätzliche Priorität sowohl durch ein «Mehr» wie ein «Länger» erreicht werden. Der Karpfen *(Cyprinus carpio)* macht uns beides vor: Er laicht jedes Jahr um eine Million Eier – eine scheinbar unsinnige Redundanz – und lebt dennoch über 50 [182] bis 100 Jahre [183, p. 535].

Dies schließt bei anderen Tieren, wie den Pazifik-Lachsen *(Oncorhynchus spp.)*, den Verbrauch der eigenen Körpersubstanz der Elterntiere zugunsten der Nachkommen bei nur einmaligem (semelparen) Fortpflanzungsakt nicht aus. Die mangelnde genetische Anlage körpererhaltender Mechanismen (oder hier besser: ihre genetisch programmierte Zerstörung) ist nicht in einem evolutiv nicht zu überwindenden *Unvermögen* des (Lachs-)Organismus begründet, gleichzeitig Erhaltung *und* Fortpflanzung aufrechtzuerhalten. Sie ist vielmehr eine Folge der Anpassung des Lebenszyklus – hier der Lachse – an eine spezielle Lebensweise.

In der realen Welt – nicht nur in der Biologie – gibt es für jedes Ding Bemessungen in räumlichen und zeitlichen Maßen, abgrenzende Bedingungen und

Beschränkungen («constraints» [181]). Dabei ist aber die Ursache der Beschränkung stets für den Einzelfall zu untersuchen. Einfach anzunehmen, daß die Dauerhaftigkeit des Körpers generell durch seine Fortpflanzungsfunktion *physiologisch* beeinflußt oder begrenzt wird [z.B. 104], ist unbegründet. Es gibt keinen durch Gesetzmäßigkeiten der Physiologie bedingten allgemeinen «trade-off» zwischen Fortpflanzung und Überleben des gleichen Körpers. Wohl gibt es aber für die Anzahl gleicher Individuen *ökologische* Grenzen. *Hier* liegen die «constraints» der Fortpflanzung und der mit ihr verbundenen reproduktiven Lebensdauer des Individuums. Die Rückkopplung zwischen Fortpflanzung und Erhaltung besteht also nicht auf *direktem* Weg innerhalb des Körpers, sondern über seinen Bedarf und Verbrauch ökologischer Ressourcen.

Fortpflanzung und die Erhaltung erwachsener Tiere sind entsprechend dem Gebot zur Maximierung der Reproduktionswahrscheinlichkeit der Art *positiv* gekoppelt. (Mit der Erhaltung des Individuums kann die Fortpflanzung zunehmen.) Die ökologische Zweckmäßigkeit zur Sicherung eines maximalen Reproduktionserfolges bildet dabei das Kriterium des jeweiligen quantitativen Verhältnisses zwischen beiden Größen.

Die Anlage des Programms der Reparaturvorgänge in einem Individuum und die Dauer seiner inneren Regenerationen sind entsprechend den Erfordernissen der Arterhaltung selektiert. Anders kann Leben – auch das von Metazoen – nicht funktionieren.

3. Leben, Strukturerhaltung und Reproduktion

Der grundsätzliche Fehler der immer noch vorherrschenden Alternstheorien auf destruktiv-entropischer Grundlage und auch eines Teiles der evolutionsbiologischen Seneszenztheorien besteht in einer menschlich-pragmatisch verständlichen – aber biologisch falschen – Voraussetzung:

Es ist die Vorstellung, daß die Seneszenz, weil sie *unserem* individuellen Leben abträglich ist, durch strukturelle Mängel, Schäden oder Verbrauch verursacht sein müßte – einer prinzipiellen *Unfähigkeit* biologischer Struktur, sich selbst auf die Dauer zu erhalten. Diese Unvollkommenheit hindere das Individuum daran, sein Leben zu bewahren, womit ja eigentlich auch das Leben seiner Art und das gesamte Leben auf der Erde besser zu erhalten wäre. Es wird in der Regel gar nicht erst in Frage gestellt, daß die Aufrechterhaltung des individuellen Lebens stets auch für die Erhaltung des gesamten Lebens günstiger ist als eine Begrenzung der Lebensdauer.

Beim Leben geht es aber nicht um die Erhaltung von Strukturen. Es ist, wie die Seneszenz, nur *dynamisch* zu verstehen. *Leben* ist von seinen molekularen Anfängen her eine als *Selbstreproduktion* evolutionär fortgesetzte expansiv-autokatalytische *Reaktion,* ermöglicht durch Sonnenenergie und einige bestimmte Elemente der Erde. *Ziel* des Lebens ist nicht die Schaffung und Erhaltung *bestimmter Strukturen* sondern die ständige Erhaltung und Ausweitung des *Reproduktionszyklus.* [siehe 5, 55, 56].

Weder in der Evolution noch in der Ontogenese gibt es ein strukturelles «Endziel» des Lebens. Der Zweck der Entwicklung der Struktur des «ausdifferenzierten» erwachsenen Individuums ist nicht die Erreichung einer besonders «erhaltenswerten» oder «leistungsstarken» Form, auch nicht eine verbesserte Selbsterhaltungsfähigkeit. Der «Zweck», das Ergebnis der Evolution aller über die Jahrmilliarden selektierten lebenden Strukturen – auch der eines erwachsenen Tieres – ist «nur» die *Maximierung der Reproduktionswahrscheinlichkeit.*

Und sei der Schmetterling auch noch so schön: Meist lebt er trotz aller Evolution kürzer als die Raupe, aus der er entstanden ist. Auch der Maikäfer *(Melolontha spp.)* lebt nach 3 Jahren Engerlingsdaseins als offenbar mit erheblichem *genetischen Aufwand* schließlich ausdifferenzierter Käfer nur noch knapp einen Monat: *nur so lange, wie es für seine Reproduktion optimal* ist. So ist das in der Evolution selektiert. So verhalten sich nicht nur Schmetterling und Maikäfer, sondern alle Lebewesen mit einer multiplikativen Fortpflanzung – auch der Mensch.

Die *begrenzte* Aufrechterhaltung identischer lebender Strukturen, zu denen Individuen einer Art gehören, ist also nur ein «Mittel zum Zweck». Der *Zweck* ist die *Selbstreproduktion*. Er erfordert in artspezifisch *unterschiedlicher Phänomenologie* die *Seneszenz*. Warum?

••••••••••••••••••••••••••••

4. Seneszenz – ökologisch zweckmäßig

4.1 Gleichwertigkeit der Selektion räumlicher Strukturen und ihrer Terminierung in der Evolution der Arten

Jede biologische Art bildet mit ihrer ökologischen Nische eine Einheit. Dies gilt nicht nur für die Gestalt ihrer Individuen, die nur aus ihrer ökologischen Rückkopplung verständlich ist, sondern auch für deren zeitliche Merkmale. Programmierte Termine und Dauern des Individuums sind von regelmäßigen – besonders periodischen – Veränderungen der ökologischen Nische selektiert. Die Veränderungen der Beziehungen zwischen ökologischer Nische und dem Individuum können sowohl von den Umweltbedingungen wie vom Individuum selbst (z.B. durch sein Wachstum) oder von der Population seiner Art – vor allem ihrem Verbrauch spezifischer Energie – ausgehen.

Die durch genetisch programmierte Seneszenz bestimmte, artspezifische Lebensdauer stellt ein zeitliches Merkmal dar. In der Evolution kann die Programmierung und Selektion der Lebensdauer aus Varianten prinzipiell nicht anders verlaufen sein als die Selektion räumlich-struktureller Merkmale; denn es gibt für beide bei allen Metazoen nur eine Erbsubstanz, die DNA.

Dazu eine naive Illustration: Das Wahrzeichen des Elefanten ist bekanntlich sein Rüssel. Er hat eine beachtliche räumliche (!) Länge. Die *Zweckmäßigkeit* dieser Länge läßt sich ohne weiteres aus unseren Beobachtungen zur Ernährung und Lebensweise des Elefanten und seiner Gesamtstruktur ableiten. Die Länge des Rüssels ist bei gewisser Variabilität über die DNA des Elefanten auf einen bestimmten Wert begrenzt.

Die heute zu beobachtende Zweckmäßigkeit der Länge des Elefantenrüssels ist, Darwin [42] folgend, ebenso wie die der Länge des Giraffenhalses das Ergebnis Jahrmillionen hindurch einwirkender *Selektion auf Varianten* mit unterschiedlichen Größen dieser «Werkzeuge». Auf genetischer Ebene wurde nach unseren heutigen Erkenntnissen dieses anschauliche «Feintuning» räumlicher Anpassung durch fortlaufende, schrittweise Selektion von Strukturgenen, ihren Rekombinationen und Mutationen erreicht.

Nichts wesentlich anderes wird hier für die Evolution in der vierten Dimension, der Zeit, vorausgesetzt:

Die maximale *Lebensdauer* des Elefanten beträgt knapp 70 Jahre, seine unmittelbar der Fortpflanzung dienende Lebenszeit etwa 55 Jahre. Diese wiederum begrenzten Zeit-Längen sind genetisch programmiert und *selektiert* wie die räumliche Länge des Rüssels – an der *gleichen* DNA. Die Begrenzungen der spezifischen Lebensdauer und der Fortpflanzungszeit des Elefanten können bei einiger Überlegung als ebenso *zweckmäßig* für die Erhaltung seiner Art erkannt werden wie die Begrenzung seiner Rüssellänge. Über diese Analogie zwischen räumlicher und zeitlicher Struktur-Evolution hinaus müssen die Zweckmäßigkeit und die entsprechenden Selektionsfaktoren für den Seneszenzverlauf und die spezifische Lebensdauer bei jeder Art gesondert untersucht werden. Mathematischen Verallgemeinerungen ist dabei wenig Raum gegeben.

Die Selektionsfaktoren für die Fortpflanzungs- und Lebens*dauer* des Elefanten sind nicht wie beim Rüssel in räumlicher, sondern in zeitlicher Rückkopplung zu seiner erreichbaren Umwelt zu suchen. Dabei liegt nahe, daß die Lebensdauer des Elefanten in erster Linie durch die Umweltveränderungen selektiert ist, die das *Wachstum seiner eigenen Population* verursacht, besonders die Ausschöpfung seiner Nahrungsquellen. Bei ihm, dem bei seiner schützenden Größe – außer Naturkatastrophen und Infektionen – kaum makroskopische biologische Feinde (abgesehen vom Menschen) drohen, bestimmen also *populationsökologische* Mechanismen als Selektionsfaktoren die Lebensdauer. Letzten Endes beruhen diese Mechanismen auf dem Verhältnis zwischen dem Populationswachstum seiner eigenen Art und der Kapazität ihrer ökologischen Nische. Diese Mechanismen sind zwar komplexer und weniger anschaulich als die strukturelle Rückkopplung des Rüssels mit seinem Körperbau auf der einen und den ökologischen Substraten (z.B. Gras, Zweige) auf der anderen Seite, aber in der Selektion ebenso effektiv.

Die begrenzte artspezifische Lebensdauer des Elefanten ist genauso wenig Ausdruck irgendeiner Unfähigkeit genetischer Programmierung wie bei der Begrenzung der Länge seines Rüssels. Der Rüssel hat auch keine besondere spontane Neigung, in der Evolution durch «schädliche Mutationen» kürzer zu werden, wie es von vielen Anhängern der Genschadentheorien der Seneszenz für die Lebensdauer vorausgesetzt wird. Dies schließt die evolutive Anpassung der Lebensdauer – in Länge wie Kürze – durch Selektion aus dem «Rohmaterial» von Mutationen und ihren zugehörigen Varianten selbstverständlich nicht aus! Das entspricht aber vollkommen der Evolution zweckmäßiger Strukturen, bei der man gemeinhin nicht davon ausgeht, daß ihr zusammengebastelte Gen*schäden* zugrundeliegen.

Die Länge des Rüssels wird durch *multiplikative*, die Lebensdauer durch *repetitive* Biosynthese (einschließlich Zellproliferation) erreicht. Die Programme beider Synthesearten müssen – weil selektierbar – in der DNA vorliegen.

Da die Dauer einer lebenden Struktur offensichtlich durch zeitliche ökologische Faktoren selektiert wurde, die räumliche Struktur nach komplementären Strukturen in der Umwelt, müssen zeitliche und räumliche Eigenschaften im gleichen Genom *getrennt selektierbar* vorliegen. Man könnte regulatorisch wirksame *«Zeit-*

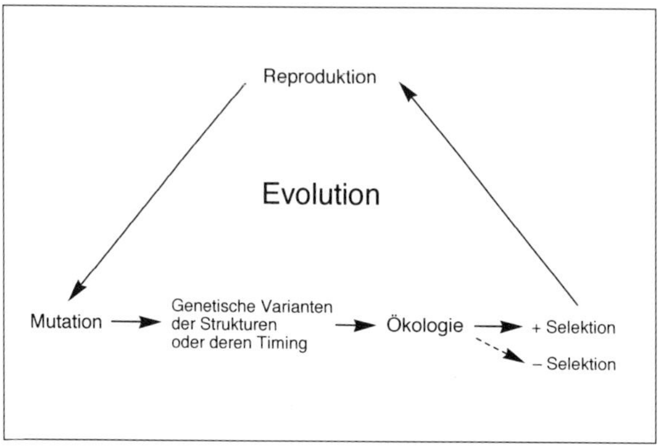

Abb. 1. Evolutionsmechanismus.

gene» (oder umgekehrt: «zeitlich» wirksame Regulatorgene) den bekannten *Strukturgenen* gegenüberstellen.

Somit: Die Evolution des genetischen Programms der artspezifischen Lebensdauer mit einem bestimmten, die Reproduktionswahrscheinlichkeit der Art optimierenden Zeit-Wert ist in gleicher Weise durch *ökologische Zweckmäßigkeit* zu begründen wie die Selektion der Maße der räumlichen Strukturen.

Verallgemeinern wir über das «Modell» des Elefanten und seines Rüssels hinaus den *Evolutionsmechanismus* der Seneszenz.

Nach den soeben getroffenen Feststellungen entspricht er dem bekannten Prinzip der Strukturevolution, wie er sich in Abbildung 1 schematisieren läßt.

Bei der Lebensdauer der Individuen kommt es auf die Selektion «zeitlicher Varianten» durch zeitliche Selektionsfaktoren an. Dies sind regelmäßig wiederkehrende Veränderungen der Ökologie oder des Verhältnisses der Population einer Art zu ihrer ökologischen Nische.

5. Die Selektionsfaktoren der Lebensdauer

Die Selektionsfaktoren der Lebensdauer und des Verlaufs der Seneszenz können in zwei Gruppen unterteilt werden:

1. Gruppe: Vom Populationswachstum der Art unabhängige *ökologische* Faktoren. (primär: Ökologie — sekundär: Art)

2. Gruppe: Vom *Populationswachstum* der Art selbst hervorgerufene Selektionsfaktoren. (primär: Art — sekundär: Ökologie)

Selektionsfaktoren beider Gruppen wirken sich in der Regel bei einer Art kombiniert, aber in unterschiedlicher Intensität aus.

5.1 Zur 1. Gruppe (Ökologische Primärfaktoren)

Dazu gehören regelmäßige, periodisch wiederkehrende ökologische Zustände wie die Jahreszeiten mit ihren Auswirkungen auf Nahrung und Risikofaktoren oder die besonderen ökologischen Anpassungen bei der Entwicklung bestimmter semelparer Arten. Von den Selektionsfaktoren dieser Gruppe sind vor allem an spezielle Nahrungspflanzen angepaßte Insekten unserer Breiten abhängig.

Der Apfelblütenstecher *(Anthonomus pomorum)* lebt z.B. als Imago nur solange reproduktiv sinnvoll, wie es Apfelblüten gibt. Unser Maikäfer *(Melolontha* spp.*)* ist mit seiner Imago auf die für seine Fortpflanzung optimalen ökologischen Verhältnisse des Monats Mai spezialisiert.

Die Evolution des «Timing» und der Lebensdauer des Maikäfers kann hier natürlich nur hypothetisch nachvollzogen werden. Es sind dabei außer den genannten ökologischen Verhältnissen noch die Vorteile der Schwarmbildung (Schutz durch Übersättigung von Freßfeinden, Beschleunigung des Treffens eines Kopulationspartners) zu berücksichtigen. Eine Verlängerung seiner Imago-Dauer – d.h. Verzögerung der Seneszenz – würde durch Nutzung der gleichen Nahrungspflanzen (bestimmte Bäume) zu einer innerartlichen, den Reproduktionszyklus bremsenden Konkurrenz zwischen der Wachstumsphase (Engerlinge) und dem Käfer führen. Eine ausgedehntere Verteilung seiner Eier läßt ebenfalls keine Vorteile für die Entwicklung der Larven ableiten. Schließlich würde die zur Schwarmbildung (Rekombination der DNA) erforderliche Synchronität der Entwicklung zumindest erschwert.

Auch die rasche Seneszenz mit kurzer postreproduktiver Lebensspanne bei semelparen Fischarten, wie den bereits erwähnten Pazifik-Lachsen *(Oncorhynchus)*, Aalen *(Anguillidae)* und Neunaugen *(Lampetra)*, ist überwiegend als Ergebnis besonderer, nicht unmittelbar von der Populationsdichte der Art abhängiger ökologischer Selektionsfaktoren anzusehen.

5.2 Zur 2. Gruppe (Populationswachstums-abhängige Selektionsfaktoren der Lebensdauer)

Dazu gehören vor allem solche Einflüsse, die durch *Erschöpfung der stets begrenzten Kapazität* der ökologischen Nische durch die Population der Art selbst und ihr Wachstum verursacht werden. Der uns besonders interessierende Seneszenzverlauf der meisten iteroparen Wirbeltiere mit zeitlich überlappenden Generationen kann aus der Wirksamkeit dieser Selektion verstanden werden. Aber auch bei Arten anderer Tierklassen wirken sich die Selektionsfaktoren dieser Gruppe aus. Grundsätzlich ist hier zu bemerken, daß die Evolution der Seneszenz und Lebensdauer unabhängig von taxonomischen Einordnungen der betreffenden Strukturen ist. Nur Zeit selektiert Zeit.

Bei Arten, die anhaltend Selektionsfaktoren dieser Gruppe in etwa gleichbleibender Stärke unterliegen, kann meist von einem durchschnittlich konstanten Fließgleichgewicht der Population mit ihrer ökologischen Kapazität ausgegangen werden. Deshalb wird der durch die Seneszenz endogen gesteuerte Verlauf der Mortalität («endogene Mortalität») langfristig so selektiert, daß er im Mittel dem potentiellen Populationswachstum der gleichen Art (nach Abzug der exogenen Mortalität) entspricht.

Die Seneszenz bremst also bei dieser Gruppe das durch Geburtenüberschuß (Geburtsrate minus exogene Zufalls-Mortalität) bedingte Populationswachstum auf das ökologisch tragbare Maß ab. So kann durch einen optimalen Einsatz der ökologischen Ressourcen zur Reproduktion die normale Entwicklung der Individuen gewährleistet werden. (Dies kann man sich leicht an der Größe von Vogel-Eigelegen vor Augen führen: Die Gelege sind zahlenmäßig genetisch (etwas variabel) so programmiert, daß die optimale Geschwindigkeit der Aufzucht durch die Versorgungskapazität der Eltern im Mittel garantiert ist.)

Bei einer anhaltenden *Steigerung der exogenen (Risiko-)Mortalitätsrate einer Art* nimmt ihre Population zunächst ab. Dies hat für die Selektion der Lebensdauer ihrer erwachsenen, fortpflanzungsfähigen Tiere entgegengesetzte Konsequenzen wie die Steigerung der Mortalität wegen Nahrungsmangels. Nur die letztere kann zu einer Beschleunigung der Seneszenz mit Verkürzung der Fortpflanzungsphase – als Adaptation an die Ressourcenbegrenzung – führen. Sie wird dann positiv selektiert, wenn das Überleben der erwachsenen Tiere keinen adäquaten Nutzen für die Entwicklung der Nachkommen bringen kann, weil deren ökologische Kapazität schon erschöpft ist. Zusätzlich selektiert ein fortgesetzter Eigenverbrauch der Elterntiere eine Beschleunigung ihrer Seneszenz, wenn sie keine Schutz- oder Versorgungsfunktion für die Nachkommengeneration haben und mit ihr in Nahrungskonkurrenz stehen.

Die nicht Dichte-abhängige Risiko-Mortalität, die eine Minderung der Nutzung ökologischer Kapazität zur Folge hat, muß dagegen, wenn die Fortpflanzungsrate sich nicht beschleunigen läßt (s. unten), zur Selektion einer Verzögerung der Seneszenz sich fortpflanzender Tiere führen. Andernfalls droht die Art auszusterben.

Eine entsprechende Verlängerung der reproduktiven Lebensspanne wird selektiert, wenn die erhöhte exogene Mortalität die Population der Wachstumsphase der Individuen einer Art unter deren ökologische Kapazität vermindert hat. Es ist dabei gleich, ob die erhöhte Todesrate die erwachsenen Tiere oder die Tiere der Wachstums- und Entwicklungsphase betrifft.

Wird bei einer gesteigerten Dezimierung der Population – etwa durch Freßfeinde – ihre erreichbare ökologische Kapazität langfristig nicht mehr voll genutzt, verstärkt sich zunächst der Selektionsdruck zur Steigerung der Fortpflanzungsrate. (Es ist dabei gleichgültig, wie hoch der aktuelle Wert der Netto-Reproduktionsrate ist. Selektiert wird in erster Linie nach der vorhandenen ökologischen Kapazität.) Aber dieser Weg, den Fortpflanzungserfolg gegen das Mortalitätsrisiko bei unveränderter Struktur aufrechtzuerhalten, dürfte in aller Regel bereits durch die innerartliche Individualselektion und physiologische Grenzen «ausgereizt» sein.

Falls das gesteigerte Mortalitätsrisiko in einer Räuber-Beute-Beziehung besteht, kommt hinzu, daß sich die Reproduktionsrate des Räubers einer eventuellen Zunahme der Beute-Art durch eine gleichfalls beschleunigte Fortpflanzung anpaßt. Dies bedeutet einen hohen und dazu noch «kontraproduktiven» Energie-Verschleiß für die bedrohte Art. Allein die Fortpflanzungsrate zu erhöhen hat also in der Regel bei Bedrohung durch einen «Freßfeind» oder auch bei proportionaler Steigerung der Auswirkung anderer Mortalitätsursachen langfristig gesehen einen geringen adaptiven Effekt. Darauf wies z.B. Walz [197] nach seinen Untersuchungen an Plankton-Tiergemeinschaften hin. Schließlich wird die Steigerung der Fortpflanzungsrate (pro Zeiteinheit) durch physiologische Limitierungen der Individuen, vor allem ihres Metabolismus, beschränkt.

Macht man die Arterhaltung zur Bedingung, ist also in der Evolution eine Verkürzung der Lebensdauer durch beschleunigte Seneszenz bei gesteigerter exogener Mortalität nur denkbar, wenn eine ausgleichende Fertilitätssteigerung in den jüngeren Altersklassen energetisch-materiell und ohne proportionalen Zuwachs einer eventuellen Räuberpopulation möglich ist. Von dieser seltenen Voraussetzung geht man, ungeachtet der im vorigen Absatz geäußerten Bedenken, in der «evolutionsbiologischen Standard-Theorie des Alterns» aus. Ein solcher «mathematischer» Ausgleich der Populationsverluste durch eine Vergrößerung der Fortpflanzungsrate im jüngeren Alter ist zwar immer errechenbar, jedoch bei Berücksichtigung der Lebensweise konkreter Arten mit ihren stets limitierten Ressourcen in der Regel keineswegs mit der Realität vereinbar. Dem stehen bei konstanter Struktur sowohl physiologische wie ökologische Limitierungen entgegen. Am folgenden Beispiel soll dies illustriert werden.

5.2.1 Einfluß der exogenen Mortalität und der Dichte auf die Lebensdauer am Beispiel des Kohlweißlings

Man stelle sich vor, unser Kohlweißling *(Pieris brassicae)* würde durch ein Insektizid bekämpft, das jeweils in einer Woche 50% der Population dieser Schmetterlinge (Imago-Form) vernichtet. Nehmen wir als realistische Schätzung (nach Angaben von Keilbach [96]) weiter an, der Kohlweißling würde in seiner Sommergeneration «normalerweise» eine artspezifische Lebensspanne von etwa 5 Wochen haben. Dann würden sich zu Anfang der 4. Woche nur noch 12,5% der ursprünglichen Population dieser Altersklasse fortpflanzen können – gegenüber immerhin noch 50% zu Anfang der 2. Imago-Woche lebenden erwachsenen Tieren.

Bedeutet dies nun, daß aufgrund der relativ dezimierteren älteren Population ein verstärkter Selektionsdruck zu früher eintretenden Senilitätserscheinungen aufgrund der Akkumulation nichtselektierter schädlicher Mutationen oder antagonistisch-pleiotroper Genwirkungen [153] für die 4. Woche der Schmetterlinge gegenüber der zweiten entstanden ist? Diese Frage wird von der heute in der Evolutionsbiologie dominierenden «Essential Evolutionary Theory of Aging» [153] oder «Standard Evolutionary Theories of Aging» [31] positiv beantwortet.

Das würde aber für unser Beispiel bedeuten, daß zusätzlich zur Schädigung der Population der Art durch das Insektizid noch ein endogener, genetisch programmierter Verfall der Selbsterhaltung der Schmetterlinge eintritt. Für diese und jede andere Art muß ein solches Verhalten gegenüber dem äußeren Lebensrisiko als kontraadaptiv angesehen werden. In der Folge würde es zu einer ständigen Abnahme lebenserhaltender Mechanismen des Individuums, permanenter Progression der Seneszenz in Richtung des frühesten Reifealters und schließlich zum genetischen Selbstmord der Art führen. Wie wäre dabei überhaupt noch Leben möglich?

Es läßt sich dagegen leicht erkennen: Wäre die ökologische Kapazität des Kohlweißlings (Kohlpflanzen) vor der hypothetischen Anwendung des Insektizids durch seine Raupen gerade ausgeschöpft, so wäre sie es nachher nicht mehr. Dann aber hätten die Nachkommen der – wenn auch reduzierten – älteren Altersklassen geringere Nahrungskonkurrenz und damit größere Überlebenschancen. Das bedeutet, dem älteren Individuum wäre durch die geänderten Relationen (Population — Kapazität) aus ökologischer Sicht eine höhere Fitneß zugeteilt. Falls die Insektizid-Anwendung in gleicher Weise mehrere Generationen hindurch erfolgte, würden eventuelle langlebigere reproduktive Varianten, die vorher keinen Fitneß-Vorteil hatten, positiv selektiert. (Zusätzlich gewinnen natürlich Varianten mit einer Insektizid-Resistenz ebenfalls einen «ökologisch bedingten» Fitneßvorteil.)

Erst wenn für die Nachkommen älterer Kohlweißlinge wieder regelmäßig wachstumsverzögernde Nahrungsknappheit – Mangel an ökologischer Kapazität – eintritt, kommt es zu einer negativen Selektion der dann – wegen leergefressener Kohlfelder – reproduktiv sinnlosen langen Fortpflanzungsdauer.

Unsere gedankliche Insektizid-Anwendung findet sich als Räuber-Beute-Beziehung in der Natur wieder: Der ärgste (parasitische) Freßfeind der Kohlweißlingsraupen ist der mit den Schlupfwespen verwandte Weißlingstöter *(Apanteles glomeratus)*. Er ist der «Retter» unserer Kohlköpfe. Bei hoher Kohlweißlings-Dichte tötet er über 90% seiner Raupen [96]. Der Kohlweißling scheint also schlecht an diesen Parasiten angepaßt zu sein. Er führt aber zu einer Stabilisierung der Kohlweißlings-Populationen unterhalb restloser Ausschöpfung – und damit gleichzeitig weitgehender Vernichtung – ihrer ökologischen Kapazität. Sein Einfluß könnte, wie in unserem «Insektizid-Modell», eine gewisse Verlängerung der Lebensdauer der (nicht befallenen) Kohlweißlings-Imago positiv selektiert haben, um ihre Eier, nicht zuletzt durch die bekannten weiten und zeitraubenden Wanderungsschwärme, weiträumiger verteilen zu können. Auf das diesbezügliche Extrem des verwandten Zitronenfalters wird noch eingegangen (s. weiter unten).

(Beim Menschen dürften gefährliche Seuchen, vor allem Virusinfektionen, deren Auftreten ebenfalls dichteabhängig ist und deren Opfer vor allem Kinder und Jugendliche sind, durchaus vergleichbare «evolutive Funktionen» zur Verlängerung unserer Lebensdauer (gehabt) haben.)

Wäre andererseits schon vor dem Einsatz des Insektizids die ökologische Kapazität des Kohlweißlings nicht ausgeschöpft, bestünde sowohl vorher wie nachher ein Selektionsdruck sowohl zur Steigerung der Fortpflanzungsrate wie zur Verlängerung der Fortpflanzungsdauer, wenn damit mehr Nachkommen produziert werden können. Auf keinen Fall kann bei ungenutzter erreichbarer Kapazität ein Selektionsdruck zur endogenen Verkürzung der Fortpflanzungszeit aufgrund eines höheren äußeren Todesrisikos abgeleitet werden. *Die Adaptation erwachsener Tiere an ihre Todesrisiken erfolgt grundsätzlich strukturell abwehrend, und nur dann altruistisch zeitlich entgegeneilend, wenn sich daraus ein Vorteil für die Nachkommen ergibt.*

Erscheint es möglich, daß unser Kohlweißling aufgrund der stärkeren Dezimierung seiner Imago durch das Insektizid seine Fortpflanzungsrate in der 1. und 2. Lebenswoche so verstärken kann, daß er die Verluste ausgleicht? Diese Regelung wird ja nach der «Standard-Theorie» vorausgesetzt, um die Art nicht zum Aussterben zu verurteilen.

Warum wurden aber dann nicht schon vor der zusätzlichen Bedrohung entsprechende Varianten positiv selektiert? Die Situation war bereits zu diesem Zeitpunkt grundsätzlich keine andere. Unsere Modell-Population von Kohlweißlingen war in der 1. Woche auch schon stärker als in der 4. – wäre also nach der «Standard-Theorie» auch stärker hinsichtlich höherer Fortpflanzung positiv selektiert. Der Unterschied zum vorher angenommenen Zustand höheren Mortalitätsrisikos unter dem Insektizid ist allein quantitativer Art. Die Evolution ist – im übrigen gleichbleibende Verhältnisse vorausgesetzt – nur etwas langsamer verlaufen, aber in gleicher Richtung. Sicherlich war dabei das durch Physiologie und Lebensweise des Insekts gegebene Optimum der Fortpflanzungsrate bereits erreicht.

Die notwendige Lebensdauer für den oft recht zeitaufwendigen artspezifischen Fortpflanzungsprozeß läßt sich nicht ad infinitum verkürzen. Wo sind hier die Grenzen? Doch nicht erst bei der Lebensdauer der Eintagsfliege, deren «life history» nicht von anderen Arten übernommen werden kann. Lebenszeit bedeutet nicht eine redundante Quantität, sondern resultiert aus dem summierten *Zeitverbrauch ganz bestimmter, qualitativ unterschiedlicher Aktivitäten* für die Reproduktion. In erster Linie muß man für unseren Kohlweißling z.B. doch wohl annehmen, daß die Dauer von durchschnittlich nur einer Woche für diese Aktivitäten seines Fortpflanzungsprozesses im Mittel nicht ausreichen würde. Seine erreichbare ökologische Kapazität würde nicht ausgeschöpft werden. So ist möglicherweise diese Frist zur Reifung der Fortpflanzungsprodukte (Eier, Spermien), zum Finden der Sexualpartner oder der Eiablageplätze (Kohlpflanzen) sowie zur Eiablage und Gelegeverteilung zu knapp bemessen. Hinzu kommt, daß eine längere Lebensdauer die Voraussetzung für seine bekannten zeitintensiven Wanderungsschwärme ist. Solche Wanderungen, besonders von den Heuschreckenschwärmen her bekannt, sind primär Wege der Art zur Erweiterung ihrer ökologischen Kapazität – eventuell auch zur Vermeidung von Parasiten und ortsfesteren Freßfeinden. Sie begünstigen sekundär eine evolutive Verlängerung der Lebensdauer. Als «Faustregel» kann man annehmen, daß ein Verhalten, welches zu einer Verminderung der Populationsdichte einer Art führt, eine Lebensverlängerung ihrer Reproduktionsphase zur Folge hat.

Der mit dem Kohlweißling eng verwandte, zur gleichen Familie (Pieridae) gehörende Zitronenfalter *(Gonepteryx rhamni)* hält mit fast einem Jahr (inklusive zirka 4 Monate Winterruhe) [46, p. 358; 75, p. 601] den *Rekord einer Lebensdauer für Schmetterlinge* (Imagines). Im Sinne der «Standard-Theorie» eine geringere äußere Mortalitätsbedrohung dieses Schmetterlings – etwa wegen seiner gelben Farbe – anzunehmen, wäre absurd. Aber unschwer läßt sich die relativ lange programmierte Dauer seiner Fortpflanzungsphase mit seinen selteneren und verstreuteren Nahrungspflanzen (Kreuzdorngewächse, Rhamnaceae) begründen, an denen die Weibchen ihre Eier – zudem einzeln – ablegen. Dies dürfte im Vergleich zum Kohlweißling die zum Finden sowohl der Pflanzen als auch der Geschlechtspartner notwendige Zeit – sowie die für die Eiablage benötigte – evolutiv ausgedehnt und zur beobachteten Rekordlebenszeit geführt haben. (Der Grund, weshalb der Zitronenfalter sich an so seltene Pflanzen angepaßt hat, könnte – bei der resultierenden Dichteminderung – außer in der Vermeidung von Konkurrenz wiederum im Ausweichen vor Freßfeinden, besonders Parasiten der Larven, liegen.)

5.2.2 Flugfähigkeit und Lebensdauer. Das lange Leben der Fledermaus

Ein bis heute viel zitiertes [z.B. 153] Beispiel von Williams [200] zum verkürzenden Einfluß der Risiko-Mortalität auf die artspezifische Lebensdauer sind flug*un*fähige Tiere, die im Vergleich zu flug*fähigen* Tieren ein angeblich höheres Risiko besitzen. Laufvögel, wie Emu und Strauß, hätten so nur eine kürzere artspezifische Lebensspanne als ihre flugfähigen Verwandten entwickeln können, da sie am Boden mehr bedroht wären.

Auch dabei dürfte aber der auf die Lebensdauer selektiv wirksame Faktor in der Balance zwischen der Population dieser Arten und ihrer ökologischen Kapazität liegen. Die Bedrohung durch zufällige Risiken brauchte bei erdgebundenem Dasein wegen anderweitigen Anpassungsmöglichkeiten nicht höher zu sein als bei flugfähigen Tieren. Die letzteren sehen sich zwar anderen Bedrohungen ausgesetzt, das bedeutet aber keineswegs, daß sie geringer sind. Im übrigen käme man nach der Williamsschen Logik, der in der «Standard-Theorie» bis heute gefolgt wird, wiederum in der Evolution zur altersmäßigen Akzeleration der endogenen Mortalitätsrate als Ergebnis gesteigerter exogener Mortalität. Die Folge wäre schließlich wegen zu geringer Fortpflanzungszeit wiederum das Aussterben der Art.

In diesem Zusammenhang ist auch das erreichbare hohe Alter von Fledermäusen (über 30 Jahre) [63, p. 152; 95] zu sehen. Williams [200] argumentierte, dies wäre die Folge ihres geringeren Lebensrisikos – wieder wegen besserer Fluchtmöglichkeiten durch ihre Flugfähigkeit gegenüber erdgebundenen Säugern vergleichbarer Größe. Nun ist es aber Fledermäusen *bei ihrer Lebensweise* (!) nur möglich, in der Regel jährlich einen Nachkommen, mit dem sie herumfliegen müssen, aufzuziehen. Die vergleichbar großen Hausmäuse *(Mus musculus)*, besser noch die ebenfalls insektenfressenden Spitzmäuse *(Soricidae)*, können dagegen hunderte von Nachkommen innerhalb eines Jahres haben – und vor allem ernähren. Es ist klar, daß der Unterschied der Fortpflanzungsraten, mit eher bei rascher reproduzierenden Arten eintretender Überpopulation, zum Unterschied der artspezifischen Lebensdauer in der Evolution führt. Das exogene Mortalitätsrisiko der Fledermausarten ist bei Berücksichtigung ihrer Lebensweise dagegen durchaus nicht als gering einzustufen, wie unter anderem auch ihr Schwinden in unserer Kulturlandschaft nahelegt.

Gerade bei der wegen ihres geringen Körpergewichts vielbeachteten Langlebigkeit der Fledermaus wird deutlich, daß die artspezifische Lebensdauer sich der Lebensweise in einer speziellen ökologischen Nische und der in ihr für das Individuum zur Verfügung stehenden Ressourcen anpaßt. Die Lebensweise der Fledermaus führte zwangsläufig zur relativ extrem niedrigen Fortpflanzungsrate (pro Zeiteinheit), die bei nicht unerheblicher Risiko-Mortalität durch eine längere Lebenszeit mit fortgesetzter Fortpflanzung kompensiert werden mußte.

Weder das Gewicht, das bei den etwa gleich lange lebenden Rindern [siehe 63, pp. 279 ff] – Säugetiere mit gleichen Organen wie die Fledermaus – bis hunderttausendmal höher sein kann, noch irgendeine andere Eigenschaft des Körpers (Metabolismus) bestimmen die Lebensdauer, sondern eben die an eine bestimmte Lebensweise gebundene Fortpflanzungsart und die Relation von Nachkommenzahl zum exogenen Todesrisiko.

Eine bloße Vergrößerung der individuellen Fortpflanzungsgeschwindigkeit in der Evolution ohne eine Struktur- oder wenigstens eine weitere Verhaltensänderung erscheint konkret nur ausnahmsweise möglich. Der Mortalitäts-Ausgleich der Population durch vermehrte, gleichzeitige Nachkommen (Redundanz) wird dabei aus den vorher angeführten Gründen (Assimilations- und Stoffwechselgrenzen) in der Regel nur kurz dauern, falls er überhaupt stattfindet. Vermehrte Fortpflanzung erfordert raschere Zufuhr ökologischer Ressourcen und erhöht die Gefahren unangepaßter, zeitweiser Überpopulation. Dies kann zu Entwicklungsverzögerungen und Verlusten an Biomasse für die Art führen. Unter diesem Gesichtspunkt stößt eine adaptive Zunahme der Fortpflanzungsrate («r-Selektion») bald an ihre Grenzen. Sie hat aber – neben der genannten Redundanz – dort Vorteile, wo ein kurzfristiger Fortpflanzungsprozeß zur Ausschöpfung der ökologischen Kapazität durch die Nachkommen ausreicht (bei Eintagsfliegen oder periodischen Insekten wie Maikäfern).

In den meisten Fällen kann also eine hohe gleichzeitige Nachkommenzahl nur als Grundform quantitativer Anpassung (durch Redundanz) angesehen werden. Der «zweite Weg» für die Steigerung des Fortpflanzungserfolges ist der verstärkte *qualitative* Schutz und die bessere Verproviantierung (Eidotter, Fütterung) der Jungtiere bei einer geringeren Anzahl von Nachkommen. Dazu ist in der Regel eine Verlängerung des Lebens der erwachsenen Tiere notwendig. Dies wird durch Evolution «innerer» (zellulärer) Regenerationsmechanismen unter gleichzeitiger Entwicklung immunologischer und mechanischer Schutzstrukturen (z.B. Stacheln, Schild) und von Fluchtfähigkeiten erreicht.

Die Auswirkungen der Verlängerung der Fortpflanzungsphase brauchen also durchaus nicht in einer Steigerung der Anzahl von Nachkommen pro Individuum zu liegen. Dieser Weg ist leicht bei den Vögeln und besonders den großen Säugern nachvollziehbar. Es kommt schließlich nur auf die Steigerung der Netto-Reproduktionsrate bis zu der durch die ökologische Kapazität gegebenen Grenze an. All dies erfordert zum Überleben der Art – und selektiert – in der Regel eine Lebensverlängerung erwachsener Tiere.

Dessenungeachtet wird also nach der «Standard-Theorie» die Ansicht vertreten, daß eine Zunahme des Mortalitätsrisikos – gleich welcher Ursache und gleich in welchem Alter – in der Evolution eine Verminderung der artspezifischen Lebensdauer des Individuums bewirke [31, 122, 153, 200]. Man kommt zu diesem Schluß hauptsächlich durch:

1. Überbewertung der durch Risiko-Mortalität bedingten größeren Wichtung von Fitneß-Faktoren in jüngeren Altersklassen gegenüber der selektiven Wirkung zeitlicher Erfordernisse bei der Reproduktion der Art;

2. Vernachlässigung der Kapazität der ökologischen Nische in ihrem Einfluß auf die Begrenzung der Populationsgröße und damit verbunden der sinnvollen, reproduktiven Dauer der Individuen (die «Fitneß im Alter» für die Art überflüssig oder schädlich macht);

3. Mangelnde Differenzierung der Auswirkungen von einerseits Risiko-bedingten und andererseits Dichte-bedingten Mortalitätsursachen, die auf die Selektion der Lebensdauer entgegengesetzt wirken.

Dagegen wird hier nochmals festgestellt:

Je stärker sich die exogene Mortalitätsrate auf die heranwachsenden Tiere einer iteroparen Art mit überlappenden Generationen auswirkt, um so mehr wird eine niedrige endogene Mortalitätsrate der reproduzierenden Tiere positiv selektiert,und um so langsamer muß der Seneszenzverlauf werden, wenn die Art überleben soll.

5.2.3 Selektion der Lebensdauer «im Paradies»

Das Paradies unterscheidet sich von unserer Welt meßbar wohl im wesentlichen dadurch, daß dort die exogene Risiko-Mortalität völlig ausfällt. Löwen und Lämmer leben im Paradis bekanntlich friedlich miteinander. Ähnlich sollte es auch bei den Tieren eines guten Labors zugehen. Die ökologische Kapazität zur optimalen Strukturentwicklung der Versuchstierart soll dort immer gerade ausreichend für eine zahlenmäßig begrenzte, privilegierte Population sein, aber konstant bleiben. Dann müßte die Lebensdauer erwachsener Tiere, bei maximaler Nutzung der ökologischen Ressourcen für die Reproduktion, zum Zeitpunkt der Unabhängigkeit und gleichwertiger Fortpflanzungsfunktion eines identischen Nachkommens pro Elterntier jeweils beendet werden. Vorausgesetzt wird dabei, daß erwachsene Tiere und Nachkommen, wie bei den Säugern, von den gleichen konstanten Ressourcen leben (und die Reproduktion als das Wesentlichste eines «normalen» Lebens auch im Paradies gestattet ist).

Die Lebensdauer der Elterntiere muß also entsprechend ihrer Rückwirkung auf die Folgegeneration(en) selektiert werden. Bei den genannten Voraussetzungen (keine exogene Mortalität bei maximaler Reproduktionsrate und konstanter ökologischer Kapazität) ist keine *negative* Rückwirkung zugelassen. Dies ist letzten Endes eine Bedingung der Maximierung der Reproduktionswahrscheinlichkeit als Charakteristikum lebender Strukturen.

Die nicht vorhandene exogene Mortalität muß zur Erhaltung des Populationsgleichgewichts voll durch die endogene Mortalität, die Seneszenz, ersetzt werden. Die endogene Todesrate durch Seneszenz muß schließlich mit dem zur Fortpflanzung nötigen Zeitverzug den Wert der Fortpflanzungsrate (m) annehmen. Diese würde hier zugleich der Netto-Reproduktionsrate mit dem Wert 1 ($m = R_0 = 1$) entsprechen und die spezifische Wachstumsrate der Population r = ln m = 0 betragen. Jedes Tier müßte entweder, wie oben ausgeführt, unmittelbar nach seinem Eintritt in die postreproduktive Phase und dem Verbrauch körpereigener Reserven sterben, oder es existiert irgendwo unabhängig von der ökologischen Kapazität seiner reproduzierenden Artgenossen. Im letzteren Fall handelt es sich jenseits jeder Evolutionsmöglichkeit nicht mehr um ein Lebewesen.

5.2.4 Geschlechtsdifferente Lebensdauer zugunsten optimaler Ressourcennutzung für die Reproduktion

Der Zeitpunkt vollendeter Fortpflanzungsfunktion eines Individuums ist immer dann eingetreten, wenn sich durch ihre Verlängerung oder Wiederholung die Populationsgröße der Folgegeneration nach Selektionserfahrungen voraussichtlich nicht steigern läßt. Dies bestimmt sowohl die Lebensdauer aller erwachsenen Tiere einer Generation als auch den Unterschied der Lebensdauer der Geschlechter. Postreproduktives Leben wird rasch und differenziert nach dem Einfluß der betreffenden Struktur auf die Reproduktion der Art durch artspezifische Mechanismen negativ selektiert (drastisch z.B. bei Drohnen und Männchen vieler Spinnenarten). Das reproduktive Ergebnis bestimmt die «Zulässigkeit» des Verbrauchs von ökologischen Ressourcen.

Die artspezifische Lebensdauer erwachsener Tiere ist so über externe oder physiologisch-interne Mechanismen meist geschlechtsdifferenziert bemessen. Dieses Selektionsergebnis läßt sich leicht aus der Notwendigkeit für jede Art ableiten, mit ihren ökologischen Ressourcen hauszuhalten. Die genetisch programmierte Lebensdauer ist unter natürlichen Umweltbedingungen von der durchschnittlich erforderlichen Dauer der spezifischen Reproduktionsfunktionen der männlichen oder der weiblichen Tiere einer Art abhängig. So unterstreicht auch die Geschlechtsdifferenzierung des Seneszenzverlaufs den entscheidenden Einfluß der *Begrenzung* der ökologischen Kapazität auf die Selektion der Lebensdauer und deren quantitative Abstufung durch Seneszenz.

Bei den weitaus meisten Tierarten hat das männliche Geschlecht die kürzere artspezifische Lebensdauer, was man nach der «Standard-Theorie» als Folge eines selektiv wirksamen höheren *Todesrisikos* zumeist der männlichen Tiere erklärt. Williams [200] führte als Ursache dafür im wesentlichen auffälligere Strukturen und gefährliches – aber doch wohl kontrollierbares – Balzverhalten an. Bei einiger Überlegung kommt man aber zu dem Schluß, daß eher das weibliche Geschlecht einem höheren unvermeidbaren Risiko bei der Fortpflanzung – infolge der Eiablage, des Brütens oder der Geburt und in der Regel auch bei der Brutpflege – ausgesetzt ist. Darüber hinaus wäre zu berücksichtigen, daß beide Geschlechter aller Tierarten einen gemeinsamen Evolutionsweg gegangen sind. Dabei hatten sie etwa die gleichen Möglichkeiten, Schutz vor exogenen Todesrisiken zu selektieren, soweit er nicht die geschlechtsspezifischen Fortpflanzungsaktivitäten behindert.

Unter der Perspektive der «Standard-Theorie» wird der Angriffspunkt für die Selektion geschlechtsdifferenten Seneszenzverhaltens wiederum nicht in der Lebensweise der Art, sondern im Risiko für das Individuum gesehen. Vorrang gegenüber dem Individuum hat aber, wie bereits eingangs ausgeführt, immer die Erhaltung der *maximalen* Reproduktionswahrscheinlichkeit, das Überleben der Art. Dies wird nicht einfach durch die Selektion nach individueller Fitneß, sondern durch Gruppen- und Verwandtenselektion [172, 174, 204] gesichert. Auch die Differenzierungen der Struktur und die unterschiedliche Lebensdauer der Geschlechtspartner werden in gegenseitiger Abstimmung immer zugunsten ihrer ganzen Art selektiert.

Die optimale Nutzung der ökologischen Ressourcen für die Reproduktion stellt dabei den wichtigsten Selektionsfaktor dar. Die Lebensdauer des männlichen Geschlechts wird danach selektiert, wie lange sein mit ihr verbundener Verbrauch artspezifischer Energie für die Reproduktion der Art nützlich ist. Meist ist diese Zeit kürzer als beim weiblichen Geschlecht. «Men years» sind, besonders bei Säugern, auch wegen häufiger Polygynie entbehrlicher. Das sind die Gründe der Geschlechtsdifferenz in der Lebensdauer, nicht aber die unterschiedliche Risiko-Mortalität der Geschlechter.

Keiner der bei den destruktiv-entropischen Alternstheorien (Tab. 1) aufgeführten Schäden oder Mängel kann die offensichtlich ökologisch zweckmäßigen Unterschiede in der programmierten Fortpflanzungszeit und artspezifischen Lebensdauer sowie ihre meist bestehenden Geschlechtsdifferenzen hinreichend erklären. Eine von der Lebensweise der Arten und ihrer Ökologie losgelöste Interpretation der Geschlechtsdifferenzen in der Lebensdauer durch unterschiedliche primäre chemische, hormonelle oder metabolische Veränderungen ist nicht ohne willkürliche Annahmen möglich.

Hierfür sei ein charakteristisches Beispiel angeführt. Die «May be» Hypothese des angesehenen Begründers der heute führenden «Free Radical Theory of Aging» zur Geschlechtsdifferenz in der Lebensdauer [79, pp. 132 ff] besagt: Die längere Lebensdauer beim weiblichen Geschlecht erklärt sich durch einen größeren reduktiven Schutz infolge höherer Syntheserate von Glukose-6-Phosphat-Dehydrogenase und damit der NADPH und des reduzierten Glutathions kurz vor dem Blastozystenstadium. Dies wäre durch die bis dahin (Blastozyst!) anhaltende, also doppelte Expressionsaktivität beider X-Chromosomen bedingt, auf denen auch die Gene der Glukose-6-Phosphat-Dehydrogenase lokalisiert sind. Ein Ansatzpunkt für eine ernsthafte Diskussion dieser wunderlichen Spekulation kann hier nicht erkannt werden. Ebensowenig wie bei einer noch früheren Theorie des gleichen Autors, wonach Menschen mit einer höheren Serumkonzentration von Mercaptan(–SH)-Gruppen eine höhere Lebenserwartung haben [77].

5.3 Selektion der Lebensdauer erwachsener Tiere nach Dichte der Jungtierpopulation und Zeitbedarf spezifischer Fortpflanzungsaktivitäten

Nach der «Standard-Theorie» wird kein Zusammenhang von Seneszenz und exogener Mortalität der Jungtiere gesehen. Williams [200] stellte dazu fest:

«According to the theory, death rates prior to maturation have no influence on the evolution of senescence.»
Übersetzt:»Gemäß der Theorie haben Todesraten vor der Reife keinen Einfluß auf die Evolution der Seneszenz.»

Diese Auffassung ist wiederum eine Folge der bereits im letzten Abschnitt besprochenen Schwächen dieser Theorie – hier besonders der Vernachlässigung des quantitativen Verhältnisses zwischen der Population der Wachstumsphase und ihrer ökologischen Kapazität.

Dagegen ist festzustellen: Je stärker die Wachstumsphase unter ihre ökologischen Möglichkeiten dezimiert wird, um so mehr muß die Fortpflanzungsphase reproduzieren, die Nachkommen schützen und länger versorgen. Das bedingt in der Regel eine positive Selektion verzögerter Seneszenz. Ganz unabhängig von ihrem eigenen Mortalitätsrisiko wird eine Verlängerung der reproduktiven Lebensdauer der erwachsenen Tiere dann positiv selektiert, wenn das Todesrisiko der *Jungtiere* regelmäßig so groß wird, daß *deren* ökologische Kapazität *nicht ausgeschöpft* wird. Voraussetzung ist dabei wiederum, daß eine Steigerung der Fortpflanzungsrate pro Zeiteinheit – strukturell und ökologisch bedingt – unmöglich ist. Die erwachsenen Tiere werden dann in der Evolution mehr und mehr zu einer dauerhaften, strukturell geschützten und schützenden «Reproduktionsbastion».

Dies läßt sich leicht am Beispiel bekannter Vogelarten ableiten: Wenn etwa unsere häufige Amsel *(Turdus merula)* verstärkt durch Elstern *(Pica pica)* und andere Rabenvögel als Nesträuber heimgesucht wird und dadurch ihre Population langfristig bei sonst genügend Ernährungsmöglichkeiten vermindert wird, ist ein adaptiver Ausgleich dieser Dezimierung mittels einer höheren Fortpflanzungsrate praktisch ausgeschlossen. Die Größe der Nestgelege ist aus Versorgungsgründen der Jungvögel limitiert; die Anzahl der Nestgelege kann aus saisonalen, die Geschwindigkeit des Ausbrütens und der Aufzucht der Jungvögel aus physiologischen Gründen nicht nennenswert gesteigert werden. Kann die Fortpflanzungsrate demzufolge aber nicht erhöht werden, würde letzten Endes die Art Gefahr laufen, auszusterben. Um dieser Gefahr zu entgehen, müssen die erwachsenen Amseln länger (reproduzierend) leben, um durch zeitlich-räumlich verteilte Nester und Gelege ihre Chance zu erfolgreicher Aufzucht von Nachkommen zu erhöhen. Der Anteil reproduzierender Altvögel müßte also in der Amsel-Population zunehmen. Entsprechende Varianten werden positiv selektiert.

Am extremsten scheint die relative Bedrohung der Jungtiere bei großen Schildkröten mit ihrer beobachteten Lebensdauer von mehr als 152 Jahren bei *Testudo sumeirei* [66] gewesen zu sein. Ebenso bei unserem Karpfen mit seinen bis über 50 reproduktiven Jahren – trotz einer jährlichen (!) Fortpflanzungsrate von rund einer Million Eiern [182]. Sicherlich würde dem Karpfen eine weitere Steigerung seiner enormen Fortpflanzungsrate mit relativ schwach geschützten Eiern und Jungtieren bei gleichzeitiger Verkürzung seiner ebenso erstaunlichen Lebensdauer keine nennenswert höhere Netto-Reproduktionsrate bringen. Es hat sich für ihn eher als vorteilhaft herausgestellt, wenn sein Fortpflanzungsprodukt (Eier) über einen längeren Zeitraum verteilt wird, bei fortgesetzter eigener, schützender Größenzunahme zur «Reproduktionsbastion». Nur der Aufzuchterfolg der Nachkommen hat Bedeutung für die Lebensdauer reproduzierender Tiere.

Die ökologische Kapazität der erwachsenen Tiere selbst hat nur in dem Maße für die Evolution ihrer Seneszenz Bedeutung, wie sie im Fortpflanzungsprozeß an die Jungtiere vermittelt wird. Das gleiche gilt für das Mortalitätsrisiko der erwachsenen Tiere: Ihm wird ebenfalls nur so lange durch eine evolutive Verzögerung der Seneszenz und Schutz entgegengewirkt, wie die Jungtierpopulation ihre ökologische Kapazität nicht ausschöpft.

Die Imago der *Eintagsfliege* braucht z.B. praktisch keine eigene ökologische Kapazität und hat auch kaum eine individuelle Vorsorge gegen exogene Mortalitätsrisiken, etwa Fluchtreflexe gegen Freßfeinde, entwickelt. Die Lebensdauer der männlichen Tiere in der Fortpflanzungsphase beträgt einen Tag, weibliche Imagines bestimmter Arten leben bis zu 12 Tagen (s. auch Abschnitt zur geschlechtsdifferenten Lebensdauer). Ungeachtet ihrer «kurzen Lebenszeit» (als Imago!) existieren Eintagsfliegen seit über 200 Millionen Jahren.

Nicht viel anders liegen die Verhältnisse z.B. auch bei periodisch auftretenden Insekten, wie der 17-Jahres-Zikade Nordamerikas *(Megacicada septendecim)*, unserem Maikäfer (*Melolontha* spp.) (siehe oben) und vielen Schmetterlingsarten mit fehlendem oder rudimentärem Verdauungsapparat. Die im Larvenstadium herangewachsene Körpersubstanz ersetzt hier die «ökologische Kapazität der Fortpflanzungsphase». Auch bei diesen Arten bedingt offenbar die bereits durch den relativ kurzen Fortpflanzungsprozeß erreichte Zahl der Larven im Mittel eine Ausschöpfung ihrer ökologischen Kapazität und sekundär die Selektion der extrem kurzen Lebensdauer der Imago.

Entscheidend für die Selektion der Lebensdauer ist auch hier, bei welcher Dauer des Fortpflanzungsprozesses die maximale Reproduktionswahrscheinlichkeit der Art erreicht ist.

Unter langfristig wenig veränderter ökologischer Nische wird sich die Fortpflanzungsdauer bei jeder Art einem so selektierten adaptiven Optimum anpassen. Die ökologischen Faktoren, die in gegenseitiger Wechselbeziehung Einfluß auf dieses artspezifische Optimum haben, sind dagegen im Detail so vielfältig wie es die Arten sind.

Neben der bloßen Steigerung der Nachkommenzahl pro Individuum kann dabei, wie bereits ausgeführt (siehe Kapitel 5.2.2), auch die *Abnahme* der Fortpflanzungsrate mit besserer «Primärversorgung» der Zygote durch Eidotter, Schutz und Versorgung der wenigeren Nachkommen selektiv begünstigt werden. Damit ist in der Regel ebenfalls eine notwendige Zunahme der Lebensdauer der erwachsenen Tiere verbunden. Zusätzlich können dabei auch Struktur- und Verhaltensmerkmale selektiv verändert werden.

Die bessere Versorgung der Jungtiere durch die Elterntiere, die besonders bei Wirbeltieren bekannt ist, stellt eine Erweiterung der ökologischen Kapazität für die Wachstumsphase dar. Wachstumsverzögernde und strukturschädigende innerartliche Nahrungskonkurrenz wird unter Erhaltung einer optimalen Netto-Reproduktionsrate vermieden. Kannibalismus und Verdrängungskämpfe zwischen heranwachsenden Tieren stellen dagegen Regelmechanismen mit Verlusten an Biomasse und Energie für die Art dar.

5.4 Semelparität oder Iteroparität: keine direkte Beziehung zur Lebensdauer

Bereits von Cole [35] wurden die maßgeblichen Bedingungen des Lebenszyklus («life history») einer Art, wie Entwicklungsdauer, Fertilität (Geburtenintervalle, Wurfgröße und Wiederholungsraten) und Mortalität, unter denen entweder Semelparität oder Iteroparität für die Maximierung der spezifischen Wachstumsrate einer Population vorteilhaft ist, mathematisch analysiert. (Die Bezeichnungen semelpar (mit einmaligem Fortpflanzungszyklus in einer Generation) und iteropar (mehrmaliger Fortpflanzungszyklus in einer Generation) wurden vom gleichen Autor geprägt.) Die Frage, wann einmaliger oder wann und wie oft mehrmaliger Fortpflanzung Vorteile in der Selektion zukommen, kann aber darüber hinaus nur artspezifisch beantwortet werden. Als Kriterium des Vorteils wurde die Maximierung der Wachstumsrate der Population (r) zugrundegelegt. Die jeweilige Zweckmäßigkeit der itero- oder der semelparen Fortpflanzung und ihre Evolution folgen aus der speziellen Lebensweise und den ökologischen Rückkopplungen der betreffenden Arten, deren Details sich weitgehend mathematischer Pauschalisierung widersetzen.

Die Lebensdauer geschlechtsreifer Tiere wird, wie ausgeführt, durch die optimale Dauer des speziellen Fortpflanzungsprozesses selektiert. Bei der Beantwortung der Frage, ob eine bestimmte Lebensdauer des erwachsenen Individuums für das Überleben der Art optimal ist und dementsprechend selektiert wird, muß sowohl der Aufzuchterfolg (Nachkommenanzahl) in Relation zur ökologischen Kapazität als auch derjenige Zeitraum berücksichtigt werden, der für die jeweils speziellen Fortpflanzungsaktivitäten (z.B. Eiablage, Suche geeigneter Brutplätze, Brutpflege usw.) erforderlich ist.

Es ist dabei gleichgültig, ob diese Zeit aus der notwendigen Dauer eines speziellen semelparen Fortpflanzungsaktes oder aus der Summe iteroparer Fortpflanzungszyklen resultiert.

Bei Semelparität kann die Lebensdauer erwachsener Tiere (und Pflanzen) bei fehlender Brutpflege allerdings nach kurzem Fortpflanzungsakt, etwa bloße Eiablage, extrem verkürzt sein («rapid senescence» [63, p. 43]).

Andererseits kann bei der ebenfalls semelparen Bienenkönigin (bei möglicher multipler Begattung) die Dauer der Fortpflanzungsphase über 5 Jahre betragen [121], bei Ameisenköniginnen sogar bis zu 30 Jahren [90, pp. 143 ff, 169 ff].

Zusammengefaßt ergeben sich zur Selektion des Seneszenzverlaufs unter Berücksichtigung der Ökologie und des Populationswachstums die folgenden Aussagen:

- Die Lebensdauer und die Fortpflanzung sind bei der Selektion entsprechend dem «Gebot» zur Maximierung der Reproduktionswahrscheinlichkeit der Art aus rein ökologischen, nicht physiologischen Gründen – wie es neben den destruktiv-entropischen Alternstheorien auch aus den Verbrauchsvorstellungen der «Disposable Soma Theory» [103, 104] folgt – rückgekoppelt.
- Die geringste exogene Mortalität muß aufgrund des «Reproduktionsdrucks» bei unveränderter Struktur und Fortpflanzungsrate sowie ausgeschöpfter ökologischer Kapazität die kürzeste Lebensdauer und den schnellsten Verlauf der Seneszenz zur Folge haben.

Der Mortalitätszuwachs durch ökologische Mangelzustände und Verhungern aufgrund hoher Dichte ist in seinem Einfluß auf die Selektion der artspezifischen Lebensdauer der Risiko-Mortalitätsrate bei genügenden ökologischen Ressourcen (Nahrung) entgegengesetzt.

Eine *Verlängerung der Lebensdauer* in der Evolution wird begünstigt:

1. bei anhaltender *Erweiterung der ökologischen Nische* einer Art – meist unter Evolution neuer struktureller Merkmale, wie Größenzunahme;

2. wenn *längere Fortpflanzungsaktivitäten* der *erwachsenen* Tiere, wie Suche geeigneter Brutplätze, Schutz und Versorgung der Nachkommen (Eier oder Jungtiere), die Netto-Reproduktionsrate der Art bei nicht ausgeschöpften ökologischen Ressourcen steigern können.

Der letztgenannte Fall kann gerade bei erhöhter exogener Mortalität eintreten. Sie führt zu einem niedrigeren Verhältnis von Netto-Reproduktionsrate zur ökologischen Kapazität. Dies hat in der Regel einen Selektionsdruck in Richtung der Verlängerung der Fortpflanzungsdauer zur Folge, da die Steigerung der Fortpflanzungs*rate* aus strukturell-physiologischen und ökologischen Gründen selten möglich sein dürfte.

6. Beziehung der Physiologie des Seneszenzverlaufs zum Reproduktionswert

Bereits mehrmals wurde hier dargelegt, daß der zeitliche Seneszenzverlauf durch die spezielle Lebensweise der Art und die Begrenzung ihrer ökologischen Nische bedingt ist. Unter dieser Voraussetzung wird der *physiologische* Verlauf der Seneszenz «im Körper» des Individuums entsprechend seiner speziellen Struktur und (zeitlich) entsprechend seinem relativ zur Wachstumsrate der Gesamtpopulation *sinkenden Reproduktionswert* selektiert.

6.1 Zum Begriff «Reproduktionswert»

Der Reproduktionswert im hier gemeinten Sinn ist nicht allein auf den 1930 von R. A. Fisher eingeführten gleichnamigen «mathematischen» Begriff beschränkt.

Dieser Reproduktionswert (v_x) wird durch den Wert zukünftiger Fertilität *eines* Weibchens in einer bestimmten Altersklasse (x) definiert, ab der noch fertile Altersstufen (y) mit ihrer jeweiligen Überlebenswahrscheinlichkeit (l_y) *bis* zum Beginn der Altersstufe y und der Fortpflanzungsrate (m_y) *in* der Altersstufe y zu erwarten sind. Dabei wird auf das Populationswachstum (e^r) [64, 158] Bezug genommen. Für diskrete Zeitabschnitte errechnet sich Fishers Reproduktionswert («reproductive value») nach der Formel:

(1) $$v_x = \frac{e^{rx}}{l_x} \cdot \sum_{y=x}^{y=\infty} e^{-ry} l_y m_y$$

Nimmt man an, daß die Population der Art ihre ökologische Kapazität gerade ausschöpft, also kein Populationswachstum mehr stattfinden kann ($r = 0$; also $e^r = e^{-r} = 1$), so vereinfacht sich diese Formel zu

(2) $$v_x = \frac{1}{l_x} \cdot \sum l_y m_y$$

d.h., der Reproduktionswert eines weiblichen Individuums der Altersklasse x ist hier so hoch wie die Zahl seiner noch zu erwartenden Nachkommen im Verhältnis zur Überlebenswahrscheinlichkeit (l_x) aller gleichzeitig geborenen weiblichen Individuen bis zur Altersklasse (x).

Die Gleichung (2) gilt natürlich auch, wenn die Population bei stabiler Altersstruktur willkürlich durch Geburtenbeschränkung konstant gehalten wird. Dies ist annähernd bei der Bevölkerung entwickelter Industrienationen der Fall.

Für Frauen Australiens hatte der Reproduktionswert v_x um 1911 bei einem jährlichen Bevölkerungswachstum von 1,25% den von Fischer [65] festgestellten typischen Verlauf (Abb. 2, obere Kurve). Heute bekommt er in den Industrienationen, bei sinkender Säuglings- und Kindersterblichkeit sowie annähernder Stagnation des Bevölkerungswachstums, die ebenfalls in Abbildung 2 (untere Kurve) für Deutschland um 1993 dargestellte rektanguläre Form.

Bei unwesentlicher Sterblichkeitsrate im Kindesalter bleibt also der Reproduktionswert von der Geburt bis zur Pubertät jetzt im wesentlichen gleich. Dabei sieht man, daß der Reproduktionswert vom Überleben der Nachkommen bis zur Geschlechtsreife (neben dem hier für Deutschland vernachlässigten geringen natürlichen Populationswachstum) abhängig ist. Die Kurve für Australien 1911 entspricht qualitativ dem allgemeinen Verlauf natürlicher Tierpopulationen bei relativ hoher Sterblichkeit der Individuen in ihrer Wachstums- und Entwicklungsphase. Er stellt, auch durch den historischen Vergleich hier erkennbar, keine feste biologische Größe dar.

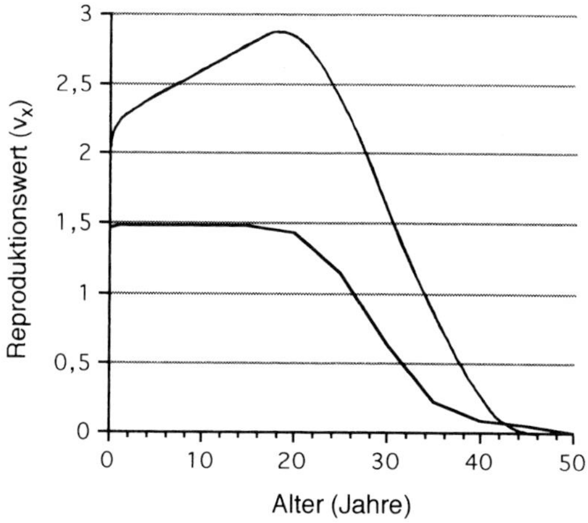

Abb. 2. Altersabhängigkeit des Reproduktionswertes nach Fisher. Obere Kurve: Frauen in Australien im Jahre 1911 (Darstellung nach [202] aus [64]). Untere Kurve in diese Darstellung eingezeichnet: Frauen in Deutschland 1992 (nach [180, pp. 79, 82] bei Vernachlässigung des geringen Bevölkerungswachstums).

Der «mathematische» Reproduktionswert nach Fisher ist zwar bei Überlegungen in bestimmten Anwendungsbereichen, wie bei der zeitlichen Relativierung der Fortpflanzung eines weiblichen Individuums zum Wachstum seiner Population oder der innerartlichen Selektion zu berücksichtigen; er enthält aber keine Aussagen zum Reproduktionsprozeß selbst und hat auch keinen Bezug zu konkreten Lebensweisen der Arten. Schon auf männliche Individuen ist er kaum noch anwendbar. Die mathematische Formulierung ignoriert alle ökologischen Zusammenhänge und vor allem den Reproduktionswert des Individuums bei sozialem Verhalten.

Demgegenüber umfaßt der *hier* gemeinte Reproduktionswert den gesamten Nutzen des betreffenden Individuums eines bestimmten Alters für den Reproduktionsprozeß seiner Art. Er ist wegen der Vielzahl möglicher populationsökologischer Einflußfaktoren allerdings kaum mathematisch exakt zu erfassen. So bemißt sich dieser Reproduktionswert nicht nur nach der Menge durchschnittlich noch möglicher direkter Nachkommen eines Individuums – relativ zum Populationswachstum – sondern auch nach seinem *Beitrag zur gesamten Reproduktion*, der Netto-Reproduktionsrate der Art.

Erst wenn dieser Reproduktionswert ab einem bestimmten Alter dauerhaft auf «0» sinkt, dann ist die Selbsterhaltungsfähigkeit des betreffenden Individuums sinnlos in bezug auf die Erhaltung der Art und wird negativ selektiert. Das gleiche gilt bei einer regelmäßigen *ökologischen Veränderung*, die keine lebensfähigen Nachkommen dieses Individuums ab einem bestimmten (Umwelt-)Zeitpunkt mehr zuläßt. Die letztgenannten Veränderungen bleiben bei dem «Reproduktionswert nach Fisher» (s. oben) unberücksichtigt.

6.1.1 Reproduktionswert untergeordneter Teilstrukturen

Der hier beschriebene Reproduktionswert kann unschwer auch auf nichtfertile Individuen (Arbeitsbienen) oder sogar Teilstrukturen (Organe, differenzierte Zellen) angewandt werden. Hier ist es der Wert, den eine differenzierte Struktur mit ihrer spezialisierten Funktion für den Reproduktionsprozeß der Art (nicht nur des Individuums!) hat. Dieser Wert ist von der Funktion im hierarchisch gegliederten biologischen System (Zelle–Organ–Individuum–Art) abhängig. Er hat einen an die spezielle Struktur (z.B. differenzierte Zelle) gebundenen, mit dem übergeordneten System abgestimmten, aber separaten Zeitverlauf, dem die Regeneration und «Seneszenz» dieser Teilstruktur folgen.

Demzufolge kann man aus dem Verlauf der seit Hayflick, 1961 [87] vielbeachteten Seneszenz der einzelnen Zellarten keine direkten Rückschlüsse auf die Programmierung und den Mechanismus der Seneszenz des ganzen Individuums ziehen [siehe auch 37, 120]. Sehr wohl aber gilt der umgekehrte Schluß: Das Programm der Zellseneszenz – unterschiedlich nach der jeweiligen Zelldifferenzierung – ist dem

Programm der Seneszenz des Individuums untergeordnet. Die Ökologie selektiert die Lebensweise der Art, damit den Seneszenzverlauf ihrer Individuen und über diese die differenzierten Programme der «Seneszenzen» und internen Regenerationshäufigkeiten ihrer Zellen, z.B. die am eingehendsten untersuchten Grenzen der Replikation menschlicher Fibroblasten [37, 86].

Dabei wäre zu bemerken, daß die Einstellung der Replikation bei den soeben genannten Zellen in vitro mit dem Erreichen von zirka 50 Populationsverdoppelungen («Hayflick»-Zahl) nicht mit einem funktionellen Versagen oder dem Tod [116] der postmitotischen «seneszenten» Zellen gleichzusetzen ist. Eher entspricht sie einer finalen Differenzierungsstufe mit spezialisierten Aufgaben [118, 119]. Menschliche Erythrozyten z.B. nehmen ihre eigentliche Funktion nach bereits morphologisch erkennbarem Kernverlust auf und erleiden erst 2 Monate später ihren «Alterstod». Bereits ab dem 3. Lebensjahr – durchaus kein Greisenalter – besitzen unsere Ganglienzellen keine Proliferationsfähigkeit mehr, ihre Leistungsfähigkeit können sie dagegen bis über 100 Jahre aufrechterhalten, wenn auch bei langsam zunehmenden Zeichen einer «echten», funktionellen Zellseneszenz und Atrophie.

Auch der Rückgang der einzelnen Körper- oder Organfunktionen des Individuums kann zeitlich *differenziert* nach dem jeweiligen Einfluß auf die Reproduktion der Art erfolgen. Dies läßt sich auch beim Menschen und seinen Organen beobachten, z.B. an der Gebärmutterinvolution nach der Menopause, im Gegensatz zu den weiterhin recht gut erhaltenen Körperfunktionen der Frau, wie sie die Notwendigkeit weiterer Kinderversorgung selektiert hat.

6.2 Einige Selektionsfaktoren der Lebensdauer in der Evolution des Menschen

Verglichen mit anderen Säugetieren, einschließlich den Primaten, haben wir eine erfreulich lange Lebensdauer. Dies kann auf unsere Struktur- und Verhaltensevolution seit etwa 4 Millionen Jahren zurückgeführt werden [siehe z. B. [94]. Durch letztere hat sich unsere ökologische Nische anhaltend erweitert. Hinzu kommt eine (bisher!) durchschnittlich – im Verhältnis zur erreichbaren ökologischen Kapazität – niedrige Netto-Reproduktionsrate, welche in erster Linie durch hohe Kindersterblichkeit, Seuchen (wegen hoher lokaler Dichte bei sonst günstiger sozialer Lebensweise), Naturkatastrophen, Populationswanderungen und kriegerische Auseinandersetzungen bedingt sein dürfte. Solche dezimierenden Faktoren scheinen unsere Gattung *(Homo)* wiederholt an den Rand des Aussterbens gebracht zu haben [159], worauf jeweils starkes Populationswachstum folgte. Nach molekulargenetischen Untersuchungen liegt ein solches Ereignis für unsere Art, den *Homo sapiens,* wahrscheinlich nicht mehr als 150 000 Jahre zurück, als es nur etwa 10 000 Menschen auf der Erde gab [151]. Es ist klar, daß der Evolution einer Verlängerung der reproduktiven Lebensdauer des Menschen bei einer solch geringen Anzahl keine Bevölkerungsdichte-Probleme entgegenstanden.

Die relativ lange, scheinbar «postreproduktive» Lebensdauer des Menschen läßt sich zwanglos aus dem besonders in früheren Zeiten wichtigen Beitrag ableiten, den ältere Menschen für ihre Sippe oder engere Gruppe leisteten – neben der familiären Hilfe (s. unten) durch lebenslang im Gedächtnis kumulierte, wichtige Erfahrungen. Dies ist sicherlich auch ein Selektionsfaktor für unsere größere Hirnmasse gewesen. Der Reproduktionswert eines Menschen läßt sich also bei weitem nicht ausreichend durch die Fertilitätsfunktion entsprechend der Formel nach Fisher (siehe oben) quantifizieren.

Beim Menschen sind zudem die Lebensdauer und der Verlauf des Reproduktionswertes – wie bei den meisten Tieren – *geschlechtsspezifisch* differenziert (s. oben). Dies entspricht den unterschiedlichen Aktivitäten auch unserer beiden Geschlechter im Reproduktionsprozeß. Die Lebenserwartung 60jähriger Frauen, also nach der Menopause, ist fast 5 Jahre höher als die gleichaltriger Männer. Dies folgt aus den statistischen Angaben heutiger Industriestaaten mit niedriger Gesamtmortalität, z.B. aus den Statistischen Jahrbüchern von Schweden 1991 [14], der Schweiz 1992 [13] und Deutschland 1994 [180]. «Familiär» gedeutet, scheint dies die Quittung dafür zu sein, daß der Großvater sich Jahrmillionen hindurch weniger für die Reproduktion der Art – etwa für die Aufzucht der Enkel und den Gemeinschaftshaushalt – nützlich gemacht hat als die Großmutter. Auch durch andere arterhaltende Funktionen (Schutz, Nahrungsbeschaffung, Erfahrungsübermittlung) hat er sich zur Rechtfertigung seines fortgesetzten Nahrungsverbrauchs nicht so unentbehrlich gezeigt wie die Großmutter. Jahrmillionenlange Sippenselektion beachtet unnachsichtig auch solche kleinen Unterschiede – und so hat der Mann heute einen rascheren Seneszenzverlauf als die Frau.

Welche physiologischen Mechanismen bei uns zur Programmierung dieser Sexualdifferenz in der Evolution selektiert wurden, ist eine andere Frage – die im Hinblick auf die Vermeidung unserer Seneszenz sogar mehr interessiert. Nur: die Ursachen auch der Sexualdifferenz im Seneszenzverlauf und der geschlechtsspezifischen Differenzierung der Lebensdauer des Menschen liegen wie bei jeder Art in der Maximierung der Reproduktionswahrscheinlichkeit unter rationellster Ausnutzung der ökologischen Ressourcen (s. oben).

Andere Versuche, die lange Lebensdauer des Menschen etwa mit metabolischen oder allometrischen Besonderheiten seines Körpers zu begründen, bleiben unverständlich. Dazu wurden u.a. seine große Hirnmasse [147, 162] und entsprechend bei anderen Wirbeltieren, auch das Verhältnis von Hirnmasse zu Körpergewicht herangezogen. Auf die Belanglosigkeit des Körpergewichts für die Programmierung der Lebensdauer wurde schon im Vergleich Fledermaus – Pferd (s. oben) eingegangen. Besonders Sacher [164] stellte 1978 allometrische Korrelationen zwischen Körpermaßen und Lebensdauer bei Säugetieren in den Vordergrund [siehe auch 148]. Bezeichnend ist seine folgende Aussage:

«In recapitulation, longevity in mammals has a close multivariate allometric relationship to brain and body size, metabolic rate, and body temperature. *In the case of brain size, the increase of life span has been shown to be a necessary compensation for the depressive influence of brain size on reproductive rate.*»

Frei übersetzt: «Zusammengefaßt hat die Lebensdauer bei Säugern eine enge multivariate allometrische Beziehung zur Gehirn- und Körpergröße, Stoffwechselrate und Körpertemperatur. *Im Fall der Hirngröße hat sich der Anstieg der Lebensspanne als notwendige Kompensation zum verringernden Einfluß der Hirngröße auf die Reproduktionsrate erwiesen.*»

Auch hier wurde vernachlässigt, daß Strukturen, Funktionen und die Lebenszyklen («life histories») der Arten, wozu die Lebensdauer gehört, nur durch das Feedback mit den räumlichen und zeitlichen Merkmalen der Ökologie evolutionär verständlich sind. Dies führte offensichtlich zu dem eigenartigen Kurzschluß Sachers: Unser großes Hirn hätte zu einer Verminderung unserer Reproduktionsrate und einer deswegen notwendigen «kompensatorischen» Lebensverlängerung geführt. Frauen haben übrigens – mit absolut (zirka 15%) und auch relativ zum Körpergewicht (zirka 1%) kleinerer Hirnmasse – die erwähnte etwa 5–10% höhere Lebenszeiterwartung. Die seit Sacher [162] auch von anderen Autoren [148] errechnete Korrelation zwischen Seneszenzrate und Hirngröße bei Säugetieren konnte im übrigen in einer neueren Analyse von Gaillard et al. [67] nicht bestätigt werden.

Die relativ große Hirnmasse des Menschen dürfte also mit unserer langen Lebensdauer nicht in unmittelbarer Beziehung stehen. Sie ermöglicht aber spezielle Hirnfunktionen und soziale Wechselbeziehungen, die unsere ökologische Nische in einzigartiger Weise ständig erweitern können. *Dadurch* unterstützt sie unser «langes Leben», ohne daß sie dafür eine unmittelbare, «physiologische» Ursache darstellt.

7. Zur molekularbiologischen Regelung des Seneszenzverlaufs im Individium

Der molekularbiologische Mechanismus des Seneszenzverlaufs läßt – unter besonderer Berücksichtigung der Regeneration – Übereinstimmung mit den allgemeinen molekulargenetischen und zellphysiologischen Regelmechanismen erwarten, die für die Struktursynthese bekannt sind. Die Seneszenz muß wie die Ontogenese in der Evolution durch das ökologische Feedback in gleicher Weise und über das gleiche Substrat, die *DNA*, selektiert worden sein.

Durch die so selektierten Gene ist nicht nur der *Beginn*, sondern ebenso die *zeitlich abgestimmte, differenzierte Einstellung* von Biosynthese und Zellproliferation molekularbiologisch *geregelt.* Einen Schadensmechanismus, wie spontane Gendestruktionen, für die Phänomenologie der Seneszenz anzunehmen ist somit ganz und gar überflüssig. Bereits bei der Besprechung der destruktiv-entropischen Alternstheorien wurde herausgestellt, daß eine biologische «Regelung» durch stochastische, spontane Veränderungen widersinnig ist. Darüber hinaus wäre sie unter Einbeziehung der obigen populationsökologischen Überlegungen in der Regel nicht mit der Reproduktion der Art zu vereinbaren. Die Adaptation der artspezifischen Lebensdauer kann zwar durch programmierte Destruktionen, wie der Apoptose, geregelt sein, nicht aber durch stochastische Prozesse.

Wie sollte man sich z.B. vorstellen, daß die relativ genau terminierten und stets dem gleichen Muster folgenden Rückbildungsvorgänge der Fortpflanzungsorgane der Frau, einschließlich der in einem festen Regelungszyklus verlaufenden multifaktoriellen neuroendokrinen Veränderungen nach der Menopause [siehe z.B. 156], durch kumulierende zufällige Schäden an der DNA von Zellen des Ovars oder des Nervensystems (Hypothalamus, Hypophyse) verursacht werden? Ebenso stellt sich die Frage, wie die bezüglich der Immunzellen und ihren Rezeptoren hochdifferenziert verlaufende Immunseneszenz [52, 53, 70, 141, 142] durch stochastische Schäden – etwa bedingt durch «freie Sauerstoffradikale» oder mutative Genschäden (s. oben) – «geregelt» sein soll.

Es spricht andererseits nichts dagegen, daß das, was heute bereits über die primären Genfunktionen bekannt ist, auch auf die *Einstellung* der energieverbrauchenden Lebensprozesse und der Biosynthese im Verlauf der Seneszenz anwendbar wäre. Zumindest liegt keine grundsätzlich unterschiedliche Problematik vor als bei anderen noch offenen Fragen der Entwicklungsphysiologie, der Zell- und der Molekularbiologie. Bei keinem Gen in einer *normalen euploiden Zelle* verläuft die *Trans-*

kription ungeregelt. Dies betrifft die Induktion wie auch die rechtzeitige Repression «nach getaner Arbeit». Nicht viel anders ist das prinzipiell bei der Translation und den nachfolgenden epigenetisch gelenkten [186] Synthese- und Abbauprozessen bis hin zur ebenfalls genetisch geregelten zellulären Involution, der Apoptose [7, Kap. 22; 33, 98, 190]. Der genetisch geregelte Mechanismus der letzteren schließt eine eventuelle (zell-)exogene Signalisierung und Induktion ein [7, pp. 1386–1388].

Jeder Lebensprozeß benötigt für eine reproduktiv sinnvolle Funktion sowohl einen zeitlich-räumlich abgestimmten Start wie eine ebenso rechtzeitige Abschaltung. Beide werden in der Regel über vielfältige Messenger-Rezeptorensysteme signalisiert eingeleitet. Auch die an der Involution im Rahmen der Seneszenz beteiligten Teilprozesse und Strukturveränderungen müssen eine geordnete Reihenfolge einhalten. Die geregelte, ökologisch abgestimmte Abschaltung und den Abbau nicht mehr reproduktiver, aber noch energieverbrauchender Prozesse und Strukturen können keine stochastischen, unselektierten Defekte oder eine pleiotrope Nebenwirkung zuvor Fitneß-steigernder Gene übernehmen – wie es die genannten destruktiv-entropischen Alternstheorien oder die «Essential Evolutionary Theory of Aging» [153] implizieren. Sie würden allenfalls eine unberechenbare, chaotische Pathologie zum Ende des Individuallebens zur Folge haben. *Diese ist bei keiner Art festzustellen.*

Auch die Seneszenz des Menschen entspricht keineswegs dem Bild *unselektierter Gendefekte.* Vielmehr ist auch hier die genetisch programmierte, zeitlich geregelte Abschaltung biosynthetischer und energieverbrauchender Lebensprozesse des Individuums zugunsten unserer Art zu erkennen.

Nach der adaptiven Interpretation der Lebensdauer muß die gesamte zeitliche Regulierung des Individuums allerdings auch *selektierbar* sein. (Nur ganz ausnahmsweise reguliert sich die Dauer einer Körperstruktur – wie etwa bei unseren «zweiten» Zähnen – durch ihre chemisch-physikalische Stabilität.) Das bedeutet: *Getrennt* von den eigentlichen Strukturgenen müssen regulierende *«Zeitgene»* im Genom vorhanden sein, welche die Dauer lebenserhaltender *Regenerationen*, die Wiederholungen gleicher, in den *zugehörigen Strukturgenen verankerter* Biosynthesen regeln. Der Struktur*aufbau* wird, abgesehen von der Differenzierung, durch Multiplikation erreicht, die Strukturerhaltung weitaus überwiegend durch Substitution. Beides muß genetisch programmiert und selektierbar sein.

Die zunehmende Wahrscheinlichkeit (!) bösartiger, besonders epithelialer Tumoren im höheren, aber artspezifisch bestimmten Alter legt nahe, daß auch der Zeitpunkt ihres Auftretens, abgesehen von der Intensität mutagener Exposition und bei gewisser Variabilität, genetischer Programmierung unterliegt. Auch das bösartige Wachstum wird mit hoher Wahrscheinlichkeit nicht durch zufällige, chaotische Beschädigungen der DNA verursacht, sondern durch Mutationen weniger bestimmter, die Mitose regulierende Onkogene bzw. Tumorsuppressorgene an ebenso wenigen gleichen Positionen («hot spots») ihrer DNA. Für das bekannte p53(TP53)-Tumorsuppressor-Gen z.B. wurde dies in einer eingehenden Untersuchung von Krawczak et al. nachgewiesen, nach der sich auf einen haupsächlich endogenen (also selektierbaren) Mechanismus der (Punkt-)Mutationen schließen läßt

[109]. Es ist also fraglich, ob altersabhängige Tumoren als «Spontanprozesse» anzusehen sind [s. auch 19]. Zumindest ist die Geschwindigkeit der *Zunahme* bösartiger Tumoren sowohl vom Alter wie der Tierart abhängig, also im genetischen Programm verankert. Beagle-Hunde z.B. sterben etwa mit gleicher Häufigkeit, aber 5,5mal früher, an sehr ähnlichen Krebsarten wie der Mensch [6]. Es muß dahingestellt bleiben, ob bzw. inwieweit die Zunahme bösartiger Tumoren und der Seneszenzverlauf getrennt selektierbar sind. Das «Entweder-Oder» – Zellseneszenz oder Zellimmortalisierung – am Ende der normalen Proliferation von Zellen in vitro spricht eher dagegen [s. z.B. 89, 128]. Es ist aber denkbar, daß Varianten von Regulator-Genen das Auftreten bösartiger Tumoren zeitlich zumindest auf der Ebene des Individuums sowohl vor- wie zurückverlegen können.
Auf eine eingehendere Diskussion der interessanten, viel beachteten Beziehungen zwischen dem Auftreten bösartiger Tumoren und der Seneszenz [s. z.B. 16, 19, 58, 127, 168] – auch unter adaptiven Gesichtspunkten [z.B. 109, 177] – muß hier verzichtet werden, da der gesetzte Rahmen weit überschritten würde.

8. Schlußfolgerung

Es sollte klargestellt sein: *Die Ursache der Seneszenz ist nicht im Organismus zu finden, sie liegt in seiner ökologischen Abhängigkeit und deren Evolution.* Die Untersuchungen zum speziellen physiologischen Mechanismus der Seneszenz bei den verschiedenen Arten sollten dies berücksichtigen. Daraus lassen sich positive Konsequenzen für die biomedizinische Gerontologie erwarten. Deren Besprechung geht aber über das Ziel dieses Buches hinaus.

Der gedankliche Anschluß der *molekularen* Seneszenzmechanismen *im Körper* der Individuen an die *natürlichen Lebensweisen der Arten* ist hergestellt. *Frei von Schadensvorstellungen* kann sich die Untersuchung des Mechanismus auch unserer Seneszenz auf ganz normale Lebens- und Entwicklungsprozesse und ihre Zusammenhänge konzentrieren. Methodisch ist die Biogerontologie damit nicht von der Genetik, der Entwicklungsphysiologie des Metazoons und der Zellbiologie zu trennen. Diese Gebiete stellen die entscheidenden «Module» dar, von deren Zusammenwirken die Aufklärung auch des speziellen physiologischen Mechanismus der Seneszenz des Menschen und der Möglichkeiten einer günstigen Beeinflussung zu erwarten ist.

9. Zusammenfassung

Als *«Seneszenz»* wird in dieser Arbeit die *genetisch programmierte Abnahme der Selbsterhaltungsfunktion eines Metazoons im Verlauf seiner Reproduktionsphase* definiert. Die maßgeblichen Alternstheorien dieses Jahrhunderts werden in einem Überblick skizziert. Sie werden dabei in die Gruppen der *destruktiv-entropischen Alternstheorien* und der *evolutionsbiologischen* Theorien der Seneszenz unterteilt.

Unter kritischer Diskussion der grundsätzlichen Schwächen besonders der zur Zeit dominierenden «Free Radical Theory of Aging» [76, 83] sowie der «Standard Evolutionary Theories of Aging» [31, 153] wird die Interpretation der Evolution von artspezifischer Lebensdauer und Seneszenz auf adaptiver, ökologischer Grundlage dargelegt. Sie geht von einer dynamischen Definition des Lebens als expansivem Reproduktionsprozeß aus, der eine *Begrenzung der Strukturerhaltung* zur Voraussetzung hat.

Danach sind *Lebensdauer und Seneszenz nicht abhängig von physikalisch-chemischen oder physiologischen Eigenheiten der Struktur* des betreffenden Individuums. Regelmäßig zu erwartende thermodynamische Destruktionen des Körpers, wie Verschleiß, Verbrauch, ungeregelte physikalisch-chemische oder stoffwechselbedingte Veränderungen werden durch genetisch programmierte *Regeneration* der betreffenden Struktur ausgeglichen, solange die Reproduktion der Art die Erhaltung der betreffenden Struktur erfordert. Dies ist ein zwangsläufiges Ergebnis der Selektion während evolutionär relevanter Zeiträume.

Die biologische Art bildet mit ihrer ökologischen Nische eine raum-zeitliche Einheit. Die ökologischen Ressourcen müssen mit ihrem Verbrauch durch die Art langfristig im *Fließgleichgewicht* stehen, um eine optimale Reproduktion der Art optimal zu gewährleisten.

Der Seneszenzverlauf der Individuen folgt der Maximierung der Reproduktionswahrscheinlichkeit der Art. Sowohl für die Bemessung der Lebensdauer der reproduzierenden Individuen wie für den zeitlichen Verlauf ihrer Seneszenz ist die artspezifische Lebens- und Fortpflanzungsweise in den *Grenzen der ökologischen Kapazität von entscheidender Bedeutung*. Exogene, Risiko-bedingte Mortalitätsfaktoren *verlängern* in der Regel die Lebensdauer reproduzierender Tiere in der Evolution, da bei Verminderung der Populationsdichte höhere Altersklassen Selektionsvorteile gewinnen.

Die heutigen evolutionsbiologischen Standard-Theorien des Alterns vertreten dazu eine gegensätzliche Auffassung, deren Wurzeln diskutiert werden. Die Überbewertung der Risiko-Mortalität und mathematische Pauschalisierungen zur allgemeinen Begründung der Seneszenz anhand iteroparer Populationen mit überlappenden Generationen sind fragwürdig.

Die allgemeinen Selektionsfaktoren für Lebensdauer und Seneszenzverlauf werden an Beispielen dargelegt. Sie werden gruppiert in (1) primär überwiegend durch periodische (z.B. saisonale) *Umweltveränderungen* bedingte Einflüsse und (2) durch das *Populationswachstum der Art in den Grenzen ihrer ökologischen Kapazität* hervorgerufene Lebensdauer-Befristungen der Individuen. Innerhalb dieser grundsätzlichen Beschränkungen ist für die Evolution der Lebensdauer der erwachsenen Tiere der *Zeitbedarf ihrer Aktivitäten bei der Optimierung des artspezifischen Fortpflanzungsprozesses* von entscheidender Bedeutung. Vor allem Eiablage, Brutpflege, Schutz und Verproviantierung der Nachkommen, später aber Vermeidung der Eltern-Nachkommen-Konkurrenz erfordern eine bestimmte – nach beiden Richtungen begrenzte – artspezifische Lebensdauer. Sie unterscheidet sich in der Regel bei den Geschlechtern entsprechend dem Zeitbedarf ihrer unterschiedlichen Aktivitäten im Fortpflanzungsprozeß. Dadurch erklären sich die Geschlechtsdifferenzen in der Lebensdauer.

Auf dieser adaptiven Grundlage können die Seneszenz und ihr jeweiliger strukturabhängiger physiologischer Mechanismus im Individuum, einschließlich des Verhaltens differenzierter Zellen (Zellseneszenz) und der Altersabhängigkeit des Auftretens bösartiger Tumoren, zwanglos interpretiert werden. Aus der Evolution zweckmäßigen Seneszenzverhaltens folgt, daß die Regeneration in zeitlich steuernden Regulatorgenen *(«Zeitgenen»)* programmiert ist. Sie müssen im Genom grundsätzlich *von ihren zugehörigen Strukturgenen getrennt* selektierbar – also auch getrennt *lokalisiert* – angelegt sein. Hinweise zur Programmierung und zum artspezifischen Mechanismus der Seneszenz können aus den Erkenntnissen zur Evolution einer Art, einschließlich des Menschen, erwartet werden.

Durch *Verlassen der noch vorherrschenden Schäden- und Mängel-Theorien* des «Alterns» und konsequente Berücksichtigung der dargelegten *adaptiven Rolle der Seneszenz* bietet sich für die biogerontologische Forschung eine *festere Grundlage*. Auf dieser aufbauend sind Fortschritte auf genetischem, molekularbiologischem, zytologischem und entwicklungsphysiologischem Gebiet heute zugleich Fortschritte in der Biogerontologie.

Literatur

1 Abrams, PA: Does increased mortality favor the evolution of more rapid senescence? 1993;47:877–887.

2 Agarwal S, Sohal RS: DNA oxidative damage and life expectancy in houseflies. Proc Natl Acad Sci USA 1994; 91:12332–12335.

3 Ahlert G: Somatische Mutation – Alternsursache? Z Alternsforsch 1971;25:7–13.

4 Ahlert G: Genetik der Seneszenz (I). Z Alternsforsch 1973; 27:1–8.

5 Ahlert G: Genetik der Seneszenz (II). Z Alternsforsch 1973; 27:109–115.

6 Albert RE, Benjamin, SA, Shukla R: Life span and cancer mortality in the Beagle dog and humans. Mech Ageing Dev 1994;74:149–159.

7 Alberts B, Bray D, Lewis J, Raff M, Roberts K, Watson JD: Molekularbiologie der Zelle. Weinheim, VCH, 1995.

8 Albin RL: Antagonistic pleiotropy, mutation accumulation, and human genetic disease. Genetica 1993;91:279–286.

9 Alexander P: The role of DNA lesions in processes leading to aging in mice. Symp Soc Exp Biol 1967;21:29–50.

10 Ames BN, Shigenaga MK: Oxidants are a major contributor to aging. Ann NY Acad Sci 1992;663:85–96.

11 Ames BN, Shigenaga MK, Hagen TM: Oxidants, antioxidants, and the degenerative disea ses of aging. Proc Natl Acad Sci USA 1993;90:7915–7922.

12 Anderson S, Bankier AT, Barrel BG, de Bruijn MHL, Coulson AR, Drouin J, Eperon IC, Nierlich DP, Roe BA, Sanger F, Schreier PH, Smith AJH, Staden R, Young IG: Sequence and organization of the human mitochondrial genome. Nature 1981;290:457–465.

13 Anonymous: Statistisches Jahrbuch der Schweiz 1993. Zürich, Verlag Neue Zürcher Zeitung, 1992.

14 Anonymous: Statistisk Arsbook 1992 – Official Statistics of Sweden 1992. Vol 78. Stockholm, Office for Statistics, 1991.

15 Arking R: Antioxidant genes and other mechanisms involved in the extended longevity of drosophila; in Packer L, Cutler RG, Mori A, Bertram J (eds): Oxidative Stress and Aging. Basel, Birkhäuser, 1995, pp 123–139.

16 Bacchetti S, Counter CM: Telomeres and telomerase in human cancer (Review). Int J Oncol 1995;7:423–432.

17 Balin AK: Testing the free radical theory of aging; in Adelman RC, Roth GS (eds): Testing the theories of aging. Boca Raton, CRC Press, 1982, pp 137–182.

18 Barr PJ, Tomei LD: Apoptosis and its role in human disease. Biotechnology 1994; 12:287–493.

19 Barrett JC, Annab LA, Alcorta D, Preston G, Vojta P, Yin Y: Cellular senescence and cancer. Cold Spring Harb Symp Quant Biol 1994;59:411–418.

20 Bell G: Pathogen evolution within host individuals as a primary cause of senescence; in Rose MR, Finch CE (eds): Genetics and Evolution of Aging. Dordrecht, Kluwer, 1994, pp 29–42.

21 Bell G, Koufopanou V: The cost of reproduction. Oxf Surv Evol Biol 1986;3: 83–131.
22 Bernstein C, Bernstein H: Aging, Sex and DNA Repair. San Diego, Academic Press, 1991.
23 Berry S: Entropy, irreversibility and evolution. J Theor Biol 1995;175:197–202.
24 Bin QH, Garfinkel D: The cadmium toxicity hypothesis of aging: A possible explanation for the zinc deficiency hypothesis of aging. Med Hypotheses 1994;42:380–384.
25 Bjorksten J: The crosslinkage theory of aging. J Am Geriatr Soc 1968;16:408–427.
26 Bogomolets AA: The Prolongation of Life. New York, Duell Sloan and Pearce, 1946.
27 Bortz II, WM: Aging as entropy. Exp Gerontol 1986;21:321–328.
28 Carlson LD, Scheyer WJ, Jackson HB: The combined effects of ionizing radiation and low temperature on the metabolism, longevity and soft tissues of the white rat. I. Metabolism and longevity. Radiat Res 1957;7:190–197.
29 Cerami A: Hypothesis: Glucose as a mediator of aging. J Am Geriat Soc 1985;33:628–634.
30 Charlesworth B: Evolution in Age – Structured Populations. Cambridge Stud Math Biol. Cambridge, Cambridge University Press, 1980, vol 1.
31 Charlesworth B: Evolutionary mechanisms of senescence. Genetica 1993;91:11–19.
32 Charlesworth B: Evolution of senescence: Alzheimer's disease and evolution. Curr Biol 1996;6:20–22.
33 Chiarugi V, Magnelli L, Ruggiero M: Apoptosis, senescence, immortalization and cancer. Pharmacol Res 1994;30:301–315.
34 Child CM: Senescence and Rejuvenence. Chicago, University of Chicago Press, 1915.
35 Cole LC: The population consequences of life history phenomena. Quart Rev Biol 1954;29:103–137.
36 Comfort A: The Biology of Senescence. Edinburgh, Churchill Livingstone, 1979.
37 Cristofalo VJ, Pignolo RJ: Replicative senescence of human fibroblast – like cells in culture. Physiol Rev 1993;73:617–638.
38 Curtis HJ: Das Altern – Die biologischen Vorgänge. Stuttgart, G. Fischer, 1968. (Amerikanische Originalausgabe Curtis HJ: Biological Mechanisms of Aging. Springfield, IL, C.C. Thomas, 1966).
39 Cutler RG: The dysdifferentiative hypothesis of mammalian aging and longevity; in Giacobini E, Giacobini G, Filogamo G, Vernadakis A (eds): The Aging Brain. New York, Raven Press, 1982, pp 1–18.
40 Cutler RG: Evolutionary biology of aging and longevity in mammalian species; in Johnson JE (ed): Aging and Cell Function. New York, Plenum Press, 1984, pp 1–147.
41 Cutler RG, Packer L, Mori A, Bertram J (eds): Oxidative Stress and Aging. Basel, Birkhäuser, 1995.
42 Darwin C: The Origin of Species. London, Dent and Sons, 1859.
43 DeLong R, Poplin L: On the etiology of aging. J Theor Biol 1977;67:111–120.
44 Denckla WD: A time to die. Life Sci 1975;16:31–44.
45 Dhar NH: Senescence, an inherent property of animal cells. Quart Rev Biol 1932;7:70.
46 Dierl W: Die Schmetterlinge; in Grzimek B (ed): Grzimeks Tierleben. München, Deutscher Taschenbuch Verlag, 1970, pp 306–370.
47 Disterhoft JF, Moyer JR, Thompson LT: The calcium rationale in aging and Alzheimer's disease. Ann NY Acad Sci 1994;747:382–406.
48 Dobzhansky T: Nothing in biology makes sense except in the light of evolution. Am Biol Teach 1973;35:125–129.
49 Doerr W: Ist Altern eine Krankheit?; in Schipperges H (Hrsg): Neue Beiträge zur Theoretischen Pathologie. Berlin, Springer, 1981, pp 1–18.

50 Dudas SP, Arking R: A coordinate upregulation of antioxidant gene activities is associated with the delayed onset of senescence in a long-lived strain of drosophila. J Gerontol 1995;50A:B117–B127.
51 Edney EB, Gill RW: Evolution of senescence and specific longevity. Nature 1968; 220:281–282.
52 Effros RB: Replicative senescence of T lymphocytes: Effect on immune function Aging Clin Exp Res 1995;7:464–466.
53 Effros RB, Boucher N, Porter V, Zhu XM, Spaulding C, Walford RL, Kronenberg M, Cohen D, Schachter F: Decline in CD28(+) T cells in centenarians and in long-term T cell cultures: A. possible cause for both in vivo and in vitro immunosenescence. Exp Gerontol 1994; 29:601–609.
54 Eichhorn GL: Aging, genetics and the environment. Potential of errors introduced into genetic information transfer by metal ions. Mech Ageing Dev 1979;9:291–301.
55 Eigen M: Selbstorganisation der Materie und die Evolution biologischer Makromoleküle. Naturwissenschaften 1971;58:465–523.
56 Eigen M, Schuster P: The hypercycle – a principle of natural self-organization. Naturwissenschaften 1977;64:541–565.
57 Emerit I, Chance B (eds): Free Radicals and Aging. Basel, Birkhäuser, 1992.
58 Ershler WB: The influence of an aging immune system on cancer incidence and progression. J Gerontol 1993;48:B3–7.
59 Fabris N: Biomarkers of aging in the neuroencocrine-immune domain. Time for a new theory of aging? Ann NY Acad Sci 1992;663:335–348.
60 Fabris N, Harman D, Knook DL, Steinhagen-Thiessen E, Zs-Nagy I (eds): Physiopathological Processes of Aging: Towards a Multicausal Interpretation. New York, New York Academy of Sciences, 1992.
61 Fabris N, Mocchegiani E: Zinc, human diseases and aging. Aging 1995;7:77–93.
62 Failla G: The Aging Process and Somatic Mutations; in Strehler BL (ed): The Biology of Aging. Washington DC, Am Inst Biol Sci, publ no 6, 1960, pp 170–175.
63 Finch CE: Longevity, Senescence and the Genome. Chicago, University of Chicago Press, 1990.
64 Fisher RA: The Genetical Theory of Natural Selection. Oxford, Clarendon Press, 1930.
65 Fisher RA: The Genetical Theory of Natural Selection. New York, Dover Publications, 1958.
66 Flower SS: Further notes on the duration of life in animals.- III. Reptiles. Proc Zool Soc Lond 1937;107: 1–39.
67 Gaillard J-M, Allainé D, Pontier D, Yoccoz NG, Promislow DEL: Senescence in natural populations of mammals: A reanalysis. Evolution 1994;48:509–516.
68 Gensler HL, Hall JD, Bernstein H: The DNA damage hypothesis of aging: Importance of oxidative damage; in Rothstein M (ed): Review of Biological Research in Aging. New York, Liss, 1987, vol 3, pp 451–465.
69 Gibbs HL: Heritability and selection on clutch size in Darwin's medium ground finches (Geospiza fortis). Evolution 1988;4:50–762.
70 Globerson A, Sharp A, Fridkishareli M, Kukulansky T, Abel L, Knyszynski A, Eren R: Aging in the lymphocyte-T compartment – a developmental view. Ann NY Acad Sci 1992;673: 240–251.
71 Gustafsson L, Pärt T: Acceleration of senescence in the collared flycatcher Ficedula albicollis by reproductive costs. Nature 1990;347:279–281.
72 Guthrie RD: Senescence as an adaptive trait. Perspect Biol Med 1969:313–324.

73 Haldane JBS: New Paths in Genetics. London, Allan and Unwin, 1941.
74 Hamilton WD: The moulding of senescence by natural selection. J Theor Biol 1966; 12:12–45.
75 Hannemann H-J: Lepidoptera; in: Urania Tierreich. Frankfurt, Verlag H. Deutsch, 1971, vol 2, pp 518–604.
76 Harman D: Aging: A theory based on free radical and radiation chemistry. J Gerontol 1956;11:298–300.
77 Harman D: The free radical theory of aging: The effect of age on serum mercaptan levels. J Gerontol 1960;15:38–40.
78 Harman D: The free radical theory of aging; in Warner HR, Butler RN, Sprott RL, Schneider EL (eds): Modern Biological Theories of Aging. Aging Series. New York, Raven Press, 1987, vol 31, pp 81–88.
79 Harman D: Role of free radicals in aging and disease. Ann NY Acad Sci 1992;673:126–141.
80 Harman D: Free radical theory of aging: History; in Emerit I, Chance B (eds): Free Radicals and Aging. Basel, Birkhäuser, 1992, pp 1–10.
81 Harman D: Free radical involvement in aging – pathophysiology and therapeutic implications. Drug Aging 1993;3:60–80.
82 Harman D: Free-radical theory of aging – increasing the functional life span. Ann NY Acad Sci 1994;717:1–15.
83 Harman D: Free-radical theory of aging. Ann NY Acad Sci 1994;717:1–15.
84 Harman D: Role of antioxidant nutrients in aging: Overview. Age 1995;18:51–62.
85 Hassler S: Aging – a rectifiable mistake. Biotechnology 1994;12:431.
86 Hayflick L, Moorhead P: The serial cultivation of human diploid cell strains. Exp Cell Res. 1961; 25:585–621.
87 Hayflick L: Origins of longevity; in Warner HR, Butler RN, Sprott RL, Schneider EL (eds): Modern Biological Theories of Aging. New York, Raven Press, 1987.
88 Hayflick L: How and Why We Age. New York, Ballantine Books - Random House, 1994.
89 Hensler PJ, Pereirasmith OM: Human replicative senescence: A molecular study. Am J Pathol 1995;147:1–8.
90 Hoelldobler B, Wilson EO: The Ants. Berlin, Springer, 1990.
91 Holliday R: Understanding Ageing. Cambridge, Cambridge University Press, 1995.
92 Jickeli CF: Die Unvollkommenheit des Stoffwechsels im Kampf ums Dasein. Berlin, Friedländer und Sohn, 1902.
93 Johnson HD, Kintner LD, Kibler HH: Effects of 48 degree F and 83 degree F on longevity and pathology of male rats. Gerontology 1961;18:29–36.
94 Jones S, Martin R, Pilbeam D, Bunney S (eds): The Cambridge Encyclopedia of Human Evolution. Cambridge, Cambridge University Press, 1992.
95 Jurgens KD, Prothero J: Scaling of maximal lifespan in bats. Comp Biochem Physiol A Comp Physiol 1987;88:361–367.
96 Keilbach R: Die tierischen Schädlinge Mitteleuropas. Jena, G. Fischer, 1966.
97 Kendrew J, Lawrence E: The Encyclopedia of Molecular Biology. Cambridge, MA, Blackwell, 1994.
98 Kerr JFR, Wyllie AH, Currie AR: Apoptosis: A basic biological phenomenon with wide ranging implications in tissue kinetics. Br J Cancer 1972;26:239–257.
99 Khachaturian ZS: Toward theories of brain aging; in Kay DS, Burrow GW (eds): Handbook of Studies on Psychiatry and Old Age. Amsterdam, Elsevier, 1984, pp 7–30.

100 Kirkwood TB: Evolution of aging. Nature 1977;270:301–304.
101 Kirkwood TBL: The nature and causes of aging. Ciba Found Symp 1988;207:134–193.
102 Kirkwood TBL, Cremer T: Cytogerontology since 1881: A reappraisal of August Weismann and a review of modern progress. Hum Genet 1982;60:101–121.
103 Kirkwood TBL, Holliday R: The evolution of ageing and longevity. Proc R Soc Lond Biol 1979;205:531–546.
104 Kirkwood TB, Rose MR: Evolution of senescence: Late survival sacrificed for reproduction. Philos Trans R Soc Lond Biol 1991;332:15–24.
105 Klein J: Immunologie. Weinheim, VCH, 1995.
106 Korenchevsky V, Jones VE: The effect of androsterone, oestradiol, and thyroid hormone on the artificial premature 'climacteric' of pure gonadal origin produced by ovariectomy in rats. J Gerontol 1947;2:116–134.
107 Korenchevsky V: Problem of autointoxication in gerontology. Experientia 1956;suppl IV: 216–224.
108 Kowald A, Kirkwood TBL: Towards a network theory of ageing: A model combining the freer adical theory and the protein error theory. J Theor Biol 1994;168:75–94.
109 Krawczak M, Smithsorensen B, Schmidtke J, Kakkar VV, Cooper DN, Hovig E: Somatic spectrum of cancer-associated single basepair substitutions in the TP53 gene is determined mainly by endogenous mechanisms of mutation and by selection. Hum Mutat 1995;5:48–57.
110 Landfield PW: An endocrine hypothesis of brain aging and studies on brain-endocrine correlations and monosynaptic neurophysiology during aging; in Finch CE, Potter DE, Kenny AD (eds): Parkinsons Disease. New York, Plenum Press, 1978, pp 179–199.
111 Landfield PW: 'Increased calcium current' hypothesis of brain aging. Neurobiol Aging 1987;8:346–347.
112 Landfield PW: Increased hippocampal Ca(2+) channel activity in brain aging and dementia. Hormonal and pharmacologic modulation. Ann NY Acad Sci 1994;747:351–364.
113 Landfield PW, Eldridge JC: Evolving aspects of the glucocorticoid hypothesis of brain aging Hormonal modulation of neuronal calcium homeostasis. Neurobiol Aging 1994;15:579–588.
114 Lindahl T: Instability and decay of the primary structure of DNA. Nature 1993;362:709–715.
115 Linnane AW, Marzuki S, Ozawa T, Tanaka M: Mitochondrial DNA mutations as an important contributor to ageing and degenerative diseases. Lancet 1989;1:642–645.
116 Linskens MHK, Harley CB, West MD, Campisi J, Hayflick L: Replicative senescence and cell death. Science 1995;267:17.
117 Löther R: Wegbereiter der Genetik – Gregor Johann Mendel und August Weismann. Leipzig, Urania, 1989.
118 Macieira-Coelho A: Reorganization of the genome during aging of proliferative cell compartments; in Macieira-Coelho A (ed): Molecular Basis of Aging. Boca Raton, CRC Press, 1995, pp 21–69.
119 Macieira-Coelho A: The last mitoses of the human fibroblast proliferative life span, physiopathologic implications. Mech Ageing Dev 1995;82:91–104.
120 Macieira-Coelho, A: The implications of the 'Hayflick limit' for aging of the organism have been misunderstood by many gerontologists. Gerontology 1995;41:94–97.
121 Maurizio A: Lebensdauer und Altern bei der Honigbiene (Apis mellifica L). Gerontologia 1961;5:110–128.
122 Medawar PB: An Unsolved Problem of Biology. London, HK Lewis & Co, 1952.
123 Medvedev ZA: Aging at the molecular level; in Shock NW (ed): Biological Aspects of Aging. New York, Columbia University Press, 1962, pp 255–266.

124 Medvedev ZA: An attempt at a rational classification of theories of ageing. Biol Rev 1990;65:375–398.
125 Metschnikoff E: Studien über die Natur des Menschen – Eine optimistische Philosophie. Leipzig, Veit und Co., 1910.
126 Miquel J, Economos AC, Fleming J, Johnson JE: Mitochondrial role in cell ageing. Exp Gerontol 1980;15:575–591.
127 Monfardini S, Yancik R: Cancer in the elderly: Meeting the challenge of an aging population. National Cancer Inst 1993;85:532–538.
128 Monti D, Grassilli E, Troiano L, Cossarizza A, Salvioli S, Barbieri D, Agnesini C, Bettuzzi S, Ingletti MC, Corti A, Franceschi C: Senescence, immortalization, and apoptosis – an intriguing relationship. Ann NY Acad Sci 1992;673:70–82.
129 Morley AA: The somatic mutation theory of ageing. Mutat Res Dnaging Genet Aging 1995;338:19–23.
130 Mühlmann MS: Meine Theorie des Alterns und des Todes; zugleich zur Abwehr. Virchows Arch1924;253:225–238.
131 Nagley P, Mackay IR, Baumer A, Maxwell RJ, Vaillant F, Wang ZX, Zhang CF, Linnane AW:Mitochondrial DNA mutation associated with aging and degenerative disease. Ann NY Acad Sci 1992;673:92–102.
132 Orgel LE: The maintenance of the accuracy of protein synthesis and its relevance to aging. Proc Natl Acad Sci USA 1963;49:517–521.
133 Orgel LE: The maintenance of the accuracy of protein synthesis and its relevance to ageing: A correction. Proc Natl Acad Sci USA 1970;67:1476.
134 Orgel LE: Ageing of clones of mammalian cells. Nature 1973;243:441–445.
135 Ozawa T: Mechanism of somatic mitochondrial DNA mutations associated with age and diseases. Biochim Biophys Acta 1995;1271:177–189.
136 Ozawa T: Mitochondrial DNA mutations associated with aging and degenerative diseases. Exp Gerontol 1995;30:269–290.
137 Parker J, Flanagan J, Murphy J, Gallant J: On the accuracy of protein synthesis in drosophila melano gaster. Mech Ageing Dev 1981;16:127–139.
138 Partridge L, Andrews R: The effect of reproductive activity on the longevity of male drosophilamelanogaster is not caused by an acceleration of aging. J Insect Physiol 1985;31: 393–395.
139 Partridge L, Barton NH: Optimality, mutation and the evolution of ageing. Nature 1993; 362:305–311.
140 Partridge L, Sibly R: Constraints in the Evolution of Life Histories. Phil Trans R Soc Lond B 1991;332:3–13.
141 Pawelec G: Molecular and cell biological studies of ageing and their application to considerations of Tlymphocyte immunosenescence. Mech Ageing Dev 1995;79:1–32.
142 Pawelec G, Adibzadeh M, Pohla H, Schaudt K: Immunosenescence: Ageing of the immune system. Immunol Today 1995;16:420–422.
143 Pearl R: Studies in human biology. Baltimore, Williams & Wilkins, 1924.
144 Pearl R: The Rate of Living. New York, Knopf, 1928.
145 Platt D (Hrsg): Biologie des Alterns – Ein Handbuch. Berlin, de Gruyter, 1991.
146 Poeggeler B, Reiter RJ, Tan DX, Chen LD, Manchester LC: Melatonin, hydroxyl radical-mediated oxidative damage, and aging – a hypothesis. J Pineal Res 1993;14:151–168.
147 Promislow DEL: Senescence in natural populations of mammals: A comparative study. Evolution 1991;45:1869–1887.

148 Promislow DEL: On size and survival – progress and pitfalls in the allometry of life span. J Gerontol 1993;48:B115–B123.
149 Reiter RJ: The pineal gland and melatonin in relation to aging: A summary of the theories and of the data. Exp Gerontol 1995;30:199–212.
150 Reznick D: Measuring the costs of reproduction. Trends Ecol Evol 1995;7:42–45.
151 Rogers AR, Jorde LB: Genetic evidence on modern human origins. Hum Biol 1995;67:1–36.
152 Rose M: What evolutionary biology can do for gerontology. J Gerontology 1989;44: B27–B29.
153 Rose M: Evolutionary Biology of Aging. Oxford, Oxford University Press, 1991.
154 Rose MR, Finch CE: The janiform genetics of aging; in Rose MR, Finch CE (eds): Genetics and Evolution of Aging. Dordrecht, Kluwer, 1994, pp 5–12.
155 Rose MR, Graves JL: Evolution of Aging; in Rothstein M (ed): Review of Biological Research in Aging. New York, Wiley-Liss, 1990, vol 4, pp 3–14.
156 Rossmanith WG: Gonadotropin secretion during aging in women: Review article. Exp Gerontol 1995;30:369–381.
157 Roth GS: Entropy theories of aging revisited. Aging 1994;6:139–140.
158 Roughgarden J: Theory of Population Genetics and Evolutionary Ecology – An Introduction. New York, Macmillan, 1979.
159 Rouhani S, Jones S: Bottlenecks in human evolution; in Jones S, Martin R, Pilbeam D, Bunney S (eds): The Cambridge Encyclopedia of Human Evolution, Cambridge, Cambridge University Press, 1992, pp 281–283.
160 Rubner M: Das Problem der Lebensdauer und seine Beziehungen zu Wachstum und Ernährung. München, Oldenbourg, 1908.
161 Ruzicka V: Beiträge zum Studium der Protoplasmahysteretischen Vorgänge (Zur Kausalität des Alterns). Arch Mikrosk Anat Entwicklungsmechanik 1924;101:459–482.
162 Sacher GA: Relation of life span to brain weight and body weight in mammals; in Anonymous: The life span of animals. London, Churchill Livingstone, 1959, pp 115–133.
163 Sacher GA: Abnutzungstheorie; in Shock NW (ed): Perspectives in Experimental Gerontology. Springfield, Charles C. Thomas, 1966, pp 326–335.
164 Sacher GA: Evolution of Longevity and Survival Characteristics in Mammals; in Schneider EL (ed): The Genetics of Aging. New York, Plenum Press, 1978, pp 151–168.
165 Sander K: August Weismann (1834–1914) – Naturforscher und Theoretiker der allgemeinen Biologie. Biol Unserer Zeit 1984;14:189–193.
166 Schneider EL: Theories of aging: A perspective; in Warner HR, Butler RN, Sprott RL, Schneider EL (eds): Modern Biological Theories of Aging. New York, Raven Press, 1987, pp 1–4.
167 Selye H: Stress and aging. J Am Geriat Soc 1970;18:669–680.
168 Shay JW: Aging and cancer: Are telomeres and telomerase the connection? Mol Med Today 1995;1:378–384.
169 Sheldrake AR: The ageing, growth and death of cells. Nature 1974;250:381–385.
170 Shigenaga MK, Ames BN: Oxidants and Mitochondrial Decay in Aging Natural Antioxidants in Human Health and Disease. London, Academic Press, 1994, pp 588 ff.
171 Sinex MF: Aging and the liability of irreplaceable molecules. J Gerontol 1957;12:190–136.
172 Smith JM: Group selection and kin selection. Nature 1964;201:1145–1147.
173 Smith JM: Theories of aging; in Krohn PL (ed): Topics in the Biology of Aging. London, Interscience Publishers, 1966, pp 1–35.

174 Smith JM: Evolutionsgenetik. Stuttgart, Thieme, 1992.
175 Sohal RS: The rate of living theory: A contemporary interpretation; in Collatz K-G, Sohal RS (eds): Insect Aging. Berlin, Springer, 1986, pp 23–44.
176 Sohal RS, Sohal BH, Orr WC: Mitochondrial superoxide and hydrogen peroxide generation, protein oxidative damage, and longevity in different species of flies. Free Radic Biol Med 1995;19:499–504.
177 Sommer S: Does cancer kill the individual and save the species? Hum Genet 1994;3: 166–169.
178 Stadtman ER: Metal ion-catalyzed oxidation of proteins: biochemical mechanism and biological consequences. Free Radic Biol Med 1990;9:315–325.
179 Stadtman ER: Protein oxidation and aging. Science 1992;257:1220–1224.
180 Statistisches Bundesamt: Statistisches Jahrbuch der Bundesrepublik Deutschland. Stuttgart, Kohlhammer,1994.
181 Stearns SC: The Evolution of Life Histories. Oxford, Oxford University Press, 1992.
182 Steffens W: Der Karpfen. Wittenberg, Ziemsen, 1969.
183 Storch V, Welsch U: Systematische Zoologie. Stuttgart, G. Fischer, 1991.
184 Strehler BL: Elements of a unified theory of ageing: Integration of alternative models; in Platt D (Hrsg): Alternstheorien. Stuttgart, Schattauer, 1976, pp 5–35.
185 Strehler BL: Time, cells, and aging. New York, Academic Press, 1977.
186 Strohman R: Epigenesis: The missing beat in biotechnology? Biotechnology 1994;12: 156–163.
187 Stryer L: Biochemistry. New York, Freeman & Co, 1988.
188 Szilard L: On the nature of the aging process. Proc Nat Acad Sci USA 1959;45:30–45.
189 Trounce I, Byrne E, Marzuki S: Decline in skeletal muscle mitochondrial respiratory chain function: possible factor in ageing. Lancet 1989;1:637–639.
190 Ucker DS, Hebshi LD, Blomquist JF, Torbett BE: Physiological T-cell death: Susceptibility is modulated by activation, aging, and transformation, but the mechanism is constant. Immunol Rev 1994;273–299.
191 Vanvoorhies WA: Production of sperm reduces nematode lifespan. Nature 1992;360: 456–458.
192 Voet D, Voet JG: Biochemie. Weinheim, VCH, 1992.
193 Vojta PJ, Barrett JC: Genetic analysis of cellular senescence. Biochim Biophys Acta 1995;1242: 29–41.
194 Walford RL: Auto-immunity and aging. J Gerontol 1962;17:281–285.
195 Walford RL: The Immunologic Theory of Aging. Kopenhagen, Munksgaard, 1969.
196 Wallace DC: Mitochondrial DNA variation in human evolution, degenerative disease, and aging. Am J Hum Genet 1995;57:201–223.
197 Walz N: Rotifer populations in plankton communities: Energetics and life history strategies. Experientia 1995;51:437–453.
198 Weismann A: Ueber die Dauer des Lebens. Jena, G. Fischer, 1882.
199 Weismann A: Die Continuität des Keimplasmas als Grundlage einer Theorie der Vererbung. Jena, G. Fischer, 1892.
200 Williams, GC: Pleiotropy, natural selection, and the evolution of senescence. Evolution 1957;11:398–411.
201 Williams GC: Adaptation and natural selection – a critique of some current evolutionary thoughts. Princeton, Princeton University Press, 1966.
202 Wilson EO, Bossert WH: Einführung in die Populationsbiologie. Berlin, Springer, 1973.

203 Wynne-Edwards VC: Animal Dispersion in Relation to Social Behaviour. Edinburgh, Oliver and Boyd, 1962.
204 Wynne-Edwards VC: Evolution through Group Selection. Boston, Blackwell, 1986.
205 Yu, BP: Cellular mechanisms of biological aging. Phytother Res 1993;7:S57–S59.
206 Zs-Nagy, IA: Membrane hypothesis of aging. J Theor Biol 1978;75:189–195.
207 Zs-Nagy, IA: Proposal for reconsideration of the role of oxygen free radicals in cell differentiation and aging. Ann NY Acad Sci 1992;673:142–148.